茶会流香

图说中国古代茶文化

范纬 主编 ◎ 张习广 绘

文物出版社

图书在版编目（CIP）数据

茶会流香：图说中国茶文化 / 范纬主编；张习广绘 . —北京：文物出版社，2019.6

ISBN 978 - 7 - 5010 - 5790 - 0

Ⅰ. ①茶… Ⅱ. ①范… ②张… Ⅲ. ①茶文化—中国—通俗读物 Ⅳ. ①TS971.21 - 49

中国版本图书馆 CIP 数据核字（2018）第 232663 号

茶会流香——图说中国古代茶文化

主　　编：范　纬
绘　　者：张习广

责任编辑：孙漪娜
封面设计：张习广
责任印制：张道奇

出版发行：文物出版社
社　　址：北京市东直门内北小街 2 号楼
邮　　编：100007
网　　址：http：//www.wenwu.com
邮　　箱：web@wenwu.com
经　　销：新华书店
印　　刷：北京京都六环印刷厂
开　　本：710mm × 1000mm　1/16
印　　张：31.75
版　　次：2019 年 6 月第 1 版
印　　次：2019 年 6 月第 1 次印刷
书　　号：ISBN 978 - 7 - 5010 - 5790 - 0
定　　价：118.00 元

序

我同张习广同志结识于20世纪80年代，对他的情况了解得较为详细。

他早年就读于美术专科附中、毕业于中央工艺美院。绘画功底及艺术基础理论扎实，加之好学不倦，具有一定的艺术审美能力。此后从事设计工作十数年，获得过全国性奖项。业余撰写专业论文十数篇，大多获全国性专业评比奖项。如《从唐诗宋词中现当朝流行色》一文，获全国流行色协会专业论文二等奖。中年时期在自学日语的基础上赴日深造，对其专攻之术业大有助益。由于要工作，他只有业余时间进行其绘画创作，作品的数量有限，目前仅有一幅《董必武在延安》彩墨作品于美术馆展出。一幅《东安市井图》现悬挂于王府井东安市场门首。

他的业余爱好很多，听他讲过的大约有收藏各种油灯、鱼盘、文字奇石、外国面具、欧洲铜像等。此外，每日还要关注他那兰花数盆。听他说，当兰花盛开时，客厅内有阵阵幽香飘来，正与壁间所饰木匾刻字『如兰斯馨』相合。

68岁时他结束返聘，正式居家养老，69岁，出版《古香遗珍——图说中国古代香文化》。该书中撰写有关中国古代香文化故事，并各配白描画作共150余幅。此书是我与其合作出版，深受爱香人的喜爱。70岁，继续系列新作《茶会流香——图说中国古代茶文化》。71岁，又掇管展纸，着手系列新书《珍重酒香——图说中国古代酒文化》的创作。同他闲谈中，发现他也在为第四个选题收集着素材。

他的斋号为『弄斧堂』，由20世纪30年代老诗人曹辛之先生所题写。其意为：做人应谦恭；治学可商榷。他曾自嘲地说过：『本人不会电脑、不会英文、甚至没有手机。既无朋友圈、也不会宣传自己，是个科盲和落荒者。』

然而，我相信，他的内心是充满活力的。他虽然患有多种疾病，但正以其个人所具有的能量，为着弘扬中华文化，挑战着黄昏时分的人生。我期望与这位志同道合者一起愉快合作、一道进步。

范　纬

中国古代茶文化

一片树叶，在水杯中沉浮、轻舞，让我们可以品人生百味、领悟天道轮回，让我们可以宁静以致远、思贤以修德，让我们可以领略一种雅致的人生……

不得不承认，在中国，数千年来，茶的饮用，上至王公贵族，下到黎民百姓，既是士绅、文人的雅趣，也是布衣的最爱。茶的普遍饮用，也成为世人交际的纽带、友谊的桥梁，人们喜欢聚在一起，泡壶好茶，吟诗作乐，享受好时光。茶，成了和谐与温馨的象征。

据史料记载，中国最初发现茶时，利用的是茶的药用价值，而后，人们才发现茶有生津止渴的饮用价值；随之，茶逐渐成为日常生活中不可缺少的饮品。茶树，原产于中国西南地区，《尔雅》中就提到过野生大茶树。三国时期的文献也有关于在西南地区发现野生大茶树的记载。世界上人工栽培茶树的最早文字记载就是《四川通志》中所载西汉的蒙山茶。《神农百草经》也记载有：『神农尝百草，日遇七十二毒，得茶而解之。』陆羽《茶经》云：『茶之为饮，发乎神农氏，闻于鲁周公。』1961年，在云南省的大黑山密林中发现一棵高32.12米、树围2.9米的野生大茶树，这棵树单株存在，树龄约1700年。现今的资料表明，全国有10个省区、198处发现野生大茶树，仅是云南省内，树干直径在一米以上的就有十多株。有的地区，甚至野生茶树群落大至数千亩。我国已发现的野生大茶树，时间之早，树体之大，数量之多，分布之广，性状之异，堪称世界之最。中国人发现茶至少有5000年的历史了，世界上很多地方饮茶的习惯，大多受中国茶文化的影响。

周：中国茶饮用的开端

晋人常璩《华阳国志·巴志》记载：『周武王伐纣，实得巴蜀之师……茶蜜……皆纳贡之。』这一史料表明，在武王伐纣时，巴国就已经以茶与其他珍贵物产为贡品了。《晏子春秋》中记载：『晏子相景公，食脱粟之食，炙三弋五卵茗菜耳矣。』另据《华阳国志》记载，那时已有了人工栽培的茶园。《尔雅》中『苦荼』一词注释：『叶可炙作羹饮。』古籍《桐君采药录》中有茶与桂姜及一些香料同煮食用的记载。有些学者猜测，当时人们应是将鲜叶洗净后，置陶罐中加水煮熟，连汤带叶服用。这是茶作为饮料的开端，茶的食用阶段，即以茶当菜，煮作羹饮，茶叶煮熟后，与饭菜调和一起食用。此时，用茶的目的，一是增加营养，二是作为食物解毒。

秦汉：中国茶的成长时期

春秋、战国后期及西汉初年，我国历史上曾发生几次大规模战争，人口大迁徙；特别在秦统一四川后，促进了四川和其他各地的货物交换和经济交流，促进了饮茶风俗向东延伸。四川茶树的栽培、制作技术及饮用习俗，开始向当时的经济、政治、文化中心陕西、河南等地传播，陕西、河南成为我国最古老的北方茶区之一；其后沿长江逐渐向长江中、下游推移，再次传播到南方各省。西汉已将茶的产地命名如『茶陵』，即湖南的茶陵。汉朝名士葛玄，在浙江天山设『植茶之圃』，说明茶树当时已传播到湖南、浙江一带了。

茶叶发展到秦汉，茶的功能和身份有了新的突破和变更。其生津止渴的饮品功能，逐渐被人们发掘和重视，随之成为人们日常生活中不可缺少的饮品。此时，茶叶不仅是日常生活的解毒药品，且成为待客之物。西汉时，茶成为宫廷及官宦人家的一种高雅消遣，王褒的《僮约》中已有『武阳买茶』『烹茶器具』的记载（武阳即今四川省彭山县），说明在秦汉时期，四川产茶已初具规模，制茶方面也有改进，茶叶被用于多种用途，如药用、丧用、祭祀用、食用，已经形成了如武阳那样的茶叶集散地。

据《神农食经》记载，『服茶』而非『饮茶』，说明在秦汉之际，人们已发现茶叶具有令人精力充沛，心情愉悦的药用功能和价值。据《食论》和《神农草本经》的记载，当时的人们越来越深刻地认识到，茶最主要的药用价值是能令人精神兴奋。因此，我们至少可以说在秦朝之前，茶还不是作为饮品存在，而是作为食物和药物的双重身份被大力发掘和推广。用这种观念来解释茶的定位，并非牵强附会，因为中医一直坚持草药调养的治病理念，其中也包括『万食皆可药』的食疗法。因此，说茶兼有食用和药用的双重功能，也并非毫无根据。

这一时期，茶叶的简单加工已经出现：鲜叶用木棒捣成饼状茶团，再晒干或烘干制成饼茶以存放，这是最早的饼茶。饮用时，先将茶饼捣碎放入壶中，注入开水或沸煮并加上葱姜和橘子调味。三国时期，华中地区饮茶已比较普遍，崇茶之风进一步发展，人们开始注意到茶的烹煮方法。三国魏张揖所撰《广雅》中记载了饼茶的制法和饮用：『荆巴间采叶作饼，叶老者饼成，以米膏出之。』东汉末年，华佗《食论》中提出了『苦茶久食益意思』，是茶叶药理功效的第一次记述。史书《三国志》述（孙权的后代）吴国君主孙皓信佛教后『赐茶茶以代酒』，这是『以茶代酒』最早的记载。《晋书》中有『吴人采茶煮之，曰茗粥』。甚至到了唐代，仍有吃茗粥的习惯。

魏晋南北朝：中国文化茶的萌芽期

到了魏晋南北朝，记载茶的史料日益丰富，说明茶作为饮品更深入、更广泛地进入了人们的日常生活。随着茶叶和茶文化在全国的传播，长江中游、华中地区在中国茶文化传播方面，逐渐取代巴蜀而日益重要起来。西晋时，南方栽种茶树的规模和范围有很大的发展。长江中游茶业的发展，可从《荆州记》一书中得到佐证，书中有『武陵七县通出茶，最好』的文字。

西晋永嘉南渡之后，北方豪门过江侨居，建康（即今南京市）成为我国南方的政治中心。由于上层社会崇茶之风盛行，使得南方尤其是江东的饮茶和茶叶文化有了较大的发展，也进一步促进了我国茶业向东南推进。这一时期，我国东南植茶，由浙西进而扩展到了现今温州、宁波沿海一线。不仅如此，如《桐君采药录》所载，『西阳、武昌、晋陵皆出好茗』，晋陵即常州，其茶出宜兴。隋文帝患病，遇人告以烹茗草服之，果然见效。于是人们竞相采之，茶的饮用开始普及。南北朝初期，以上等茶作为贡品，南朝宋的山谦之所著《吴兴记》中有载：『浙江乌程县西二十里，有温山，出御荈。』

当茶作为纯粹的饮品被普遍接受之后，人们在品饮中渐渐地将茶与精神世界联系起来，茶便开始蕴含了文化的意义。南北朝佛教盛行，佛教提倡坐禅，饮茶可以镇定精神，夜里饮茶可以驱睡。于是，茶又和佛教结下了不解之缘，一些名山大川、僧道寺院所在山地和封建庄园都开始种植茶树。据考证，我国许多名茶，相当一部分最初是在佛教和道教胜地种植的，如四川蒙顶、庐山云雾、黄山毛峰，以及天台华顶、雁荡毛峰、天目云雾、天目青顶、径山茶、龙井茶等，都是在名山大川的寺院附近出产。一定程度上，佛教信徒们对茶的栽种、采制、传播起到了积极的推动作用。

魏晋时，道教人士也大量服用茶，希望茶对人的生理机能发挥功效，这种愿望开始只是追求身体的健康，后来则慢慢发展为追求身心的和谐，逐渐接近了道家所提倡的修身养性思想。

茶在与佛教、道教神仙思想发生联系的同时，也与儒家思想结缘，引领了当时人们勤俭节约的生活作风。儒家思想所提倡的『穷独达兼，勤俭节约』深入南北朝时期人的精神生活，并与品茶融合，从而开启了『以茶养廉』的茶文化传统。并与当时的奢侈之风形成对照，很多人以茶来明志，表现自己的节俭，诸如陆纳以茶待客，齐武王以茶祭祀。在当时的风气下，茶之所以被视为一种节俭生活的象征，不仅是因为它被社会各阶层普遍饮用，更重要的是因为其价格便宜。

在这样的大环境下，茶在江南成为一种『比屋皆饮』和『坐席竟下饮』的普通饮料。

唐代：中国茶的普及传播期

唐代是中国封建社会发展的一个鼎盛时期，为茶及饮茶习俗的推广与普及提供了优越的社会条件。唐朝一统天下，修文息武，重视农作，促进了茶叶生产的发展。由于茶叶的生产和贸易迅速兴盛，出现了我国茶叶种植史上第一个高峰。茶叶产地分布长江、珠江流域和陕西、河南等十四个区的许多州郡，当时以武夷山茶采制而成的蒸青团茶极负盛名。中唐以后，全国有七十多州产茶，辖三百四十多县，分布在现今的十四个省（市、自治区）。

唐皇室对茶的需求量日益扩大，要求入贡的茶也越来越多。据史料记载，当时入贡的茶，有湖州紫笋和四川蒙山蒙顶茶。为加强对贡茶的监制加工，唐代宗大历五年（公元770年），唐皇室专门设置贡茶院，并专设官员监制贡茶，这在历史上是第一次。皇室规定：每年立春时节，必须由地方官员进山监督采茶、制茶，并向京城运送，谷雨时节前完成。第一批茶，必须在清明节前十天运送到京城长安，以供清明祭祀宗庙之用。这足以说明，茶在唐代皇室生活中已具有极其重要的地位。皇室在享用贡茶的同时，还经常赐茶给宠臣及士大夫。对于这些人来说，能得到皇帝赏赐的贡茶，一方面意味着极高的荣耀，同时还能品尝到珍贵香茗。据文字记载，官至刑部尚书的白居易，在一首诗中把饮用蒙山茶与听渌水乐看成同等重要的事情，表露出高雅的艺术享受；官衔较低的孟郊也曾多次在自己的诗里流露出向别人讨要好茶的意思。受此影响，唐代社会盛行以茶馈友之风，并衍生出唐代诗歌的一个主题——茶诗。

唐代饮茶蔚然成风，茶走向全民，茶场和茶馆也随之出现。经济与文化的繁荣，促使茶的品饮迅速成为社会各阶层人士日常生活中不可或缺之事。唐中期后，《膳夫经手录》有载：『今关西、山东，闾阎村落，皆吃之。累日不食犹得，不得一日无茶。』中原和西北少数民族地区都嗜茶成俗，南方茶的生产也蓬勃发展起来，尤其是与北方交通便利的江南、淮南茶区，茶的生产更是得到了长足发展。此时期，人们的饮茶方式也有较大进步，为改善茶叶的苦涩味，饮茶时开始加入薄荷、盐、红枣调味。在唐代安定富庶的社会条件下，茶更普遍、更深入地进入到人们的日常生活，饮茶成为一种人们共同的生活习惯和嗜好，在全民饮茶的背景下，为茶的研究奠定了基础和条件。唐代诞生了中国『茶圣』陆羽，他撰写了世界历史上第一部研究茶及茶文化的专著——《茶经》，概括了茶的自然和人文科学双重内容，探讨了饮茶艺术，把儒、释、道三教融入饮茶中，首创中国茶道精神。在《茶经》一书中，陆羽把中国茶道分宫廷茶道、寺院茶礼、文人茶道。

唐代，日本曾派大量的遣唐使来中国学习，中国盛行的饮茶之风也对他们产生了影响。他们在中国学会了饮茶，并将此习惯带回了日本。据《日吉神道秘密记》记载，唐顺宗永贞元年，从中国留学回国的日本僧人最澄，带茶籽、茶树回国，种在日吉神社的旁边，成为日本最古老的茶园。这是茶叶传入日本最早的记载。另据史料记载，以品饮茶为代表的唐风饮食文化进入日本后，对日本饮食方式产生了极大的冲击。当时，茶在日本是非常高雅珍贵的，不仅仅是作为一种新奇的异域之风，更大程度上是被当作一种文明，蕴含了多种文化含义，作为高雅的习俗被接受的。当时的日本，只有皇室贵族和高级僧侣才能享用茶，他们大都把一边饮唐风茶、一边做汉诗当作最风雅的事情。茶被传到日本，这应该是中国茶文化走向世界的开端。

宋代：中国茶的繁荣创新期

『茶兴于唐，而盛于宋』。在唐朝基础上，两宋的茶叶生产加速发展。全国茶叶产区又有所扩大，各地精制的名茶繁多，茶叶产量也有大幅度增加。宋代的茶文化发展比唐代更有较多的变化和创新。诸如饮茶方式，茶之品种，茶之著作，茶之监管机构等，都有了突破式的发展。

在宋代，制茶方法出现改变，给饮茶方式带来深远的影响。宋初，茶叶多制成饼茶，饮用时碾碎，加调味品烹煮，也有不加的。随茶品的日益丰富与品茶的日益考究，人们逐渐开始重视茶叶原有的色香味，调味品逐渐减少。同时，出现了用蒸青法制成的散茶，且不断增多，茶类生产由茶饼为主趋向以散茶为主。

宋代的饮茶方式，由唐时的煎茶法演变为点茶法，烹饮程序逐渐简化。点茶法严格要求茶末与汤的比例，无论是茶少汤多，还是茶多汤少，都会影响到品茶的质量。关于这一点，宋代蔡襄所撰的《茶录》中有详细的记录，这也说明宋代上流社会对调茶之法的重视。

与点茶法的严格要求相对应，宋代社会逐渐出现了斗茶之风，即今天所谓的调茶技法比赛。宋代人制定了评判点茶的标准：一是茶汤『面色鲜白』，二是乳花『著盏无水痕』。也就是说，在比赛点茶时，汤色多以青白者胜于黄白。另规定，先在茶具上留下水痕者为输。宋代斗茶，不仅民间流行，而且文人和皇宫也热衷于此，宋人江休复《嘉祐杂志》中就记有宋代书法家蔡襄与苏舜元斗茶的故事，说蔡襄选用茶中的精品配以惠泉水，而舜元虽取劣于蔡襄的茶，却用竹沥水煎茶，结果胜了蔡襄。斗茶之风起于福建，而后遍及全国；直到今天，福建各产茶区每年仍有评比茶王的活动，很可能就是斗茶遗风的延续。随着人们参与斗茶活动的增多，宋代逐渐出现了较多以饮茶为内容的组织，在文人中出现了专业品茶社团，有官员组成的『汤社』、佛教徒的『千社』等，并逐渐形成了宋代文人的茶道精神。

茶马贸易始于唐朝，但由于当时规模尚小，政府并未干预。至宋代，中国西北、西南等众多地域都出现了茶马贸易，逐渐引起了朝廷的重视，北宋熙宁间（公元1068~1077年）设置茶马司，专门负责以茶叶交换周边少数民族马匹的工作。茶马贸易的兴盛推动了民族之间的文化交流，茶在进入少数民族居住区后，对当地人的生活方式产生了重要影响；少数民族根据自己的生活习惯和生活环境，对茶叶加工方式进行了调整，从而产生了专门供应少数民族地区饮用品种的黑茶和边茶。

元明时期：中国茶的转变与创新期

元朝，茶叶生产有了更大的发展。元朝中期，做茶技术不断提高，讲究制茶功夫；有些具有地方特色的茗茶被视为珍品，极受欢迎。此时在茶叶生产上的另一成就即用机械制茶。据王祯记载，当时有些地区采用了水转连磨，即利用水力带动茶磨和椎具碎茶，显然较宋朝的碾茶又前进了一步。这一时期，饼茶和散茶依然同时并存，制茶技术无明显发展，散茶进一步流行。当时，茶叶已成为主要出口商品，出口到东南亚等地。在生产量方面，元代茶区面积的发展很大，但在制作技术上并没有实质性的突破。

明代初期，除废除饼茶、倡饮散茶外，并没有在品饮方式上出现其他大的变化。明代后期，茶的发展，较宋、元在诸多方面都有较大的转变和创新，诸如茶类的翻新，散茶的盛行，对茶具的关注以及饮茶方式的艺术化。这一时期，炒青制法日趋完善，在《茶录》《茶疏》《茶解》中均有详细记载，这种工艺与现代炒青绿茶制法非常相似。明洪武二十四年（公元1391年），明太祖朱元璋下诏，废龙团、兴散茶。从此，贡茶由团饼茶改为芽茶（散茶），对炒青茶的发展起到了积极作用。当时，除绿茶外，黄茶、黑茶、红茶也开始出现；花茶技术也日益完善，且用于制茶的花品种繁多，据明人钱椿年《茶谱》记载，有桂花、茉莉、玫瑰、蔷薇、兰蕙、橘花、栀子、木香、梅花九种。由于工艺的改进，明代各地名茶的发展也很快，品种日见繁多，特别是散茶的发展，空前繁盛。宋代的知名散茶寥寥无几，文献中提及的只有日注、双井、顾渚等几种；但到了明代，仅黄一正《事物绀珠》辑录的明代名茶就有97种之多，而且绝大多数属于散茶。据文献考证，可以基本认定，今之所谓青茶和红茶，最早应该出现在明代。

由于朱元璋的提倡，散茶饮用成为当时最主要的饮茶方式。烹茶方法由原来的煎煮为主，逐渐转为冲泡为主。明朝文震亨在《长物志》中提到，散茶的饮用异常简便，可体现出饮茶之真味。另据多部史料记载，明朝时期，从散茶的冲泡中创设了沦茶法，并依此衍生出了『洗茶法』：在烹茶之前，先用热水冲茶，除去干茶携带的土垢和冷气，然后再烹制饮用，茶味更美。时至今日，此法仍为现代人所沿用。

冲泡法成为主流饮茶方式后，唐宋模式的茶具便不合时宜了，大多被淘汰，这在很大程度上简化了烹煮茶及饮茶的程序与茶具，扭转了唐宋形成的奢侈饮茶之风，回归到了节俭简单的品饮方式。明代文人、士绅在品茶方式上，开始有意追求艺术性，极力追求饮茶过程中的自然美和环境美。特别是到了晚明时期，茶已成为文人士大夫的玩物。他们在茶艺上崇尚自然古朴的同时，又增加了唯美情调，追求茶具的美观和饮茶环境的优雅，以获取精神的愉悦。对于茶壶的审美，是尚陶尚小的，除了所谓的『不夺香，又无熟汤气』之外，更主要的是满足饮茶者对『趣』的追求。宜兴紫砂壶的形制和材质，正是迎合了当时文人所追求的平淡、端庄、质朴、自然、温厚、娴雅等精神需要和审美心理，才得以大行其道的。随着文人的推动，一大批制壶名家出现，紫砂茶具的制作工艺也日益精湛，茶具的款式、质地、花纹千姿百态，出现了泥土敢与黄金争价的局面。就茶的发展历史来看，唐宋时期对茶具的要求是『因茶择器』，只有到了明代，茶与茶具才摆脱了外在物质上的联系，转为精神上的互相关联，小茶壶才得以大发展、大流行。与之相得益彰的是，明代不少文人雅士传世之作中，多有与茶相关的精品，如唐伯虎的《事茗图》，文徵明的《惠山茶会图》等。

随着茶贸易的发展，明万历三十八年（公元1610年），荷兰人自澳门贩茶，并转运入欧。明万历四十四年（公元1616年），中国茶叶运销丹麦。明万历四十六年（公元1618年），皇朝派钦差大臣入俄并向俄皇馈赠茶叶。自此，茶叶开始传到世界各地。

清代：中国茶的裂变发展期

进入清代，清初中国传统茶文化日渐衰落，但是醉心于其的人们，仍然坚守着茶饮精神，有着鲜活的思想和勃发的创造。

清代，饼茶基本消失，在一些少数民族地区，饼茶发展成砖茶，『杀青』技术上，『炒青』代替了『蒸青』。咸丰年间（公元1851~1861年），介于绿茶、红茶之间的青茶诞生。清朝人饮用散茶时口味发生变化，不再加任何调味品（花茶除外），讲究清雅怡和，认为细品缓啜，清正、袭人的茶香，甘洌、酽醇的茶味以及清澈的茶水，更能领略茶天然之色香味品性，重在意境，与我国古老的『清净』传统思想相吻合，这是茶的清饮之特点。饮茶器皿讲究『以紫砂为上，盖不夺香，又无熟汤气』。

清朝的饮茶，在宫廷中的发展完全走向了奢华，背离了明朝的节俭之风。真正的茶宴应起源于唐代，但论规模及奢华程度，当属清代的宫廷茶宴为最，其代表就是乾隆帝创设的『三清茶宴』。据史料记载，乾隆皇帝亲自创设了『三清茶宴』，并定于每年正月初二至初十择日在重华宫举行。其目的是为了表示皇室恩惠并联络感情，参加者多为大学士、九卿、内廷翰林等高官。宴会所用之『三清茶』是乾隆采用梅花、佛手、松实亲自调配，并以雪水烹制而成。除了专门的茶宴之外，茶在宫廷宴饮中也是必不可少的，是饭前饭后必饮之物。康熙、乾隆两朝，宫廷中共举办过四次规模较大的『千叟宴』，参加宴会的人数最多的一次达3000之多，其规模实属罕见。每次千叟宴的程序都是先饮茶、后饮酒、再饮茶。凡赏茶者，均是职位较高的王公大臣。此时，茶象征的仍是荣耀。

清代，饮茶作为民间礼俗的一个组成部分，得到进一步普及，茶馆雨后春笋般出现，成为各阶层包括普通百姓进行社会活动的一个重要场所。清朝茶馆的盛行，也标志着茶文化向全民化和日常化发展，与之相应地，该时期的茶书、茶事、茶诗也得到了很大发展。

最值得一提的是，茶叶贸易在清朝得以长足发展，茶叶出口已成一种正式行业。清顺治十四年（公元1657年），中国茶叶和茶具在法国市场开始销售。清顺治十六年（公元1659年），印度东印度公司开始直接从万丹运华茶入英。清康熙二十八年（公元1689年），福建厦门出口茶叶150担，开中国内地茶叶直接销往英国市场之先河。自此，中国茶叶在世界范围得到广泛的传播。清康熙二十九年（公元1690年），中国茶叶获得美国波士顿出售特许执照。清光绪三十一年（公元1905年），中国首次组织茶叶考察团赴印度、锡兰（今斯里兰卡）考察茶叶生产与制作，并购得部分制茶机械，宣传茶叶机械制作技术和方法。清光绪二十三年（公元1897年），福州市成立机械制茶公司，是中国最早的机械制茶。清末，中国茶叶生产已相当的发达，共有十六省（区）、六百多个县（市）产茶，面积为1500多方亩，占世界茶园面积的百分之四十四，居世界产茶国首位；产量已超过800万担，占世界总产量的百分之十七，居世界第二位。据载，清光绪六年（公元1880年），中国出口茶叶达254万担；清光绪十二年（公元1886年），出口茶叶达到268万担。

民国以来：中国茶的沉浮期

民国中期以前，虽然经济萧条、战火不断，茶仍是文人、士绅和普通群众的挚爱；南方城镇，甚至村落，茶馆比比皆是，茶具的加工依然如旧，茶具的出售随处可见。民国后期，随着战争的持续破坏，民众流离失所，社会陷入大动荡，中国茶文化也逐渐低迷、没落。

中华人民共和国成立后，1950年，中国与苏联签订了若干协定，其中一条就是苏联贷款3亿美元给中国，中国则用包括茶叶在内的物资进行偿还。这一时期，茶叶开始脱销，普通的中国民众很难买到如意的茶叶。从1958年开始，直到『文化大革命』结束，中国的茶叶生产遭到了极大的破坏，茶文化与普通老百姓的距离逐渐拉大。

20世纪80年代，文化传统开始复兴。茶文化作为传统文化不可或缺的一部分，也开始引起重视并逐渐兴起。1985年是新中国茶叶生产史上具有分界线意义的一个年份，茶叶出现了供大于求的现象，茶叶内销市场也从卖方市场转变为了买方市场，普通群众可以轻易买到茶叶，茶叶又开始走入寻常百姓家。自此，中国茶开始走上复兴之路。

经过三十年的发展，如今，茶馆已遍布中国城镇的大街小巷，几乎每一座城市都有茶楼、茶坊、茶社、茶苑等，有的甚至达数百家。此外，许多宾馆、饭店、酒楼也附设茶室。据不完全统计，目前中国有大大小小的各种茶馆、茶楼、茶坊、茶社、茶苑五万多家，北京、上海各有一千多家。在许多大中城市，茶馆的数量正以每年百分之二十的速度增长。鉴于茶馆等与茶相关的服务行业的迅猛发展，中国国家劳动和社会保障部于1998年将茶艺师列入国家职业大典，茶艺师这一新兴职业走上中国社会舞台。2001年，又颁布了《茶艺师国家职业标准》，规范茶馆等相关服务行业。茶具、茶文化书籍也如雨后春笋般涌现，茶文化呈现出中兴态势。

中国是世界茶之源，一片小小的茶叶，承载着中国几千年的文明史，早已超越了一般的物质形态。中国茶叶文化的发展，几经沧桑，风雨历程，是中国人文化、生活、精神等方方面面的体现，折射的是传统中国茶文化的审美情趣和价值理念。一道茶，从种植、生长、采摘，至制作、命名，再至观其形、听其声、闻其香、品其韵，而后斗茶、赛茶、诗词歌赋，进而感悟升华，它既是先人智慧的结晶，也是对中国传统文化的继承，蕴含着中国特有的人文精神和审美特质。

桃李不言，下自成蹊。无数事实证明，中国人的精神家园中，茶是不可或缺的情结。

朱则行

目录

图
版

借茶设伏

清太祖努尔哈赤（公元1559~1626年）十三副盔甲起兵时受到九个部落的联合围剿，但他略施小计便取得此次反围剿的胜利，此计与茶水有关。在清人所著小说《清宫秘史》中有如下精彩描写：话说努尔哈赤命扎住大营后，吩咐准备酒席，亲自为诸将士斟酒，并说：『大家满饮此杯，今夜早早休息。』酒席上将士也相互敬酒，大喝起来。那酒都用大缸盛着，一直喝到日落西山。努尔哈赤下令全营一律熄灯睡觉，不准说笑，瞬间大营里一片漆黑。努尔哈赤也卧床大睡。

半夜，九部兵马乘其立营未稳又毫无防备，前来劫营，以为可以一举顺利拿下。不想被杀得大败。事后努尔哈赤对其福晋说：『我已料到敌人会劫营，其实我们喝的完全是茶，并不是酒。兵士们也没有睡，个个全副披挂，在暗地里拿着兵器悄悄地候着。』

画面清太祖形象取《清代帝后像》笔意。

茶之六度

佛教禁酒，然可饮茶，以此抵御修持中盘足坐禅时困魔的袭扰。唐代进士、魏博节度使幕僚封演在《封氏闻见记》中记载：『泰山灵岩寺有降魔师大兴禅教，学禅务于不寐，又不夕食，皆许其饮茶。人自怀挟，到处煮饮，从此转相仿效，遂成风俗。』

赵州柏林禅寺明海和尚又进一步把茶理与佛学融为一体，著有《茶之六度》：『遇水舍己，而成茶饮，是为布施。叶蕴茶香，犹如戒香，是为持戒。忍蒸炒酵，受挤压揉，是为忍辱。除懒去惰，醒神益思，是为精进。和敬清寂，茶味一如，是为禅定。行方便法，济人无数，是为智慧。』

画面取宋代《补衲图》笔意。

丧事茶仪

清代小说《儿女英雄传》中描写了茶在丧事礼仪中的使用方式：十三妹母亲故去，安公子的父亲前来祭奠。只见他要了一盏洁净清茶，走到灵前，把那茶奠了半盏，随后立下誓文，把那半盏残茶泼在当地。又有茶司务手里拿着一个盘儿，托着几碗茶说：『我们姑娘是孝家，不亲递茶了。』

另据宋代文献记载：『凡居丧者，举茶不用托。』又有一则杂记载：夏侍中死后，他儿子在与朋友相聚时，如平日一样举起茶托，大家都奇怪他怎么不懂丧事茶仪呢！

啜茶驱困

宋人李曾伯写了这样一首诗：『行尽湘中一月春，霜髭几欲染缁尘。山无重数几何路，花不知名俱可人。午困得茶聊吻润，春愁着柳亦眉颦。天教早办公家事，乞取身归笠泽滨。』

春日犯困，午饭后犯困，小而颇颠的轿子里坐着犯困，长途疲劳犯困，花香薰得人犯困，愁烦让人犯困，公事繁多使人犯困，人们不得不靠一杯香茶驱走困魔了。但是有位和尚说：茶能赶走困魔，却担心又让诗魔来了。

午茶治病

晚清小说《劫余灰》中描写，青年女子婉贞逃出魔掌后，被贞德庵主妙悟收容，不想身体虚弱一病不起，身上烫得很，妙悟连忙对徒弟说：『这是昨夜受了风寒，赶忙拿我午时茶，煎一碗来。』并安慰婉贞：『安心睡吧，等一会儿吃了午时茶便好的。』一会儿徒弟端了午时茶来给婉贞吃了。到晚上掌灯时分，觉烧热略退。此时，正好一位与妙悟原夫族是世交的名医进庵来访，便请他给婉贞诊病。诊后，医生定了药方，并肯定了妙悟的做法：『这个症有伏暑在里面，吃些午时茶是对的，可以祛风寒的。』

清茶漱口

年轻时读《红楼梦》，有两句话印象最深，那是在林黛玉刚进荣国府时想到母亲以前的教导，便『步步留心，时时在意，不肯轻易多说一句话，多行一步路，唯恐被人耻笑了他去』。

林黛玉拜见宝玉母亲王夫人时，先至东房门内坐下，有丫鬟忙捧上茶来，『黛玉一面吃了』，茶未吃完，又被引进小正房内。见炕桌上面堆着书籍茶具，与王夫人谈话间听到贾母传饭，便一起来到贾母房内。书中写道：『饭毕，各有丫鬟用小茶盘捧上茶来。当日林家教女以惜福养身，每饭后必过片时方吃茶，不伤脾胃。今黛玉见了这里许多规矩，不似家中，也只得随和些，接了茶。』此时亏得黛玉细细观察，没有接过茶盅便一口喝下，此时见『又有人捧过漱盂来』，才明白这杯茶是饭后用来漱口的。最后是在大家洗过手后，『又捧上茶来，这方是吃的茶』。

画面取清代荆石山民插图笔意。

茶水泡饭

《红楼梦》第四十九回中，宝玉等乘雪起诗社，因心里有事，催着赶快端饭。好容易等摆上饭来，头一样菜是牛乳蒸羊羔，贾母说这是老年人的补品，小孩子吃不得，只让他们等着吃鹿肉。宝玉因惦记乘雪吟诗的事，『却等不得，只拿茶泡了一碗饭，……忙忙地爬拉完了』。

宝玉确乎喜欢速食茶水泡饭，书中第六十二回中又有描述。这一日宝玉过生日，各处拜见之后，累得歪在床上刚喝半盏茶，又来一群祝寿的姐妹，忙迎出来说：『快预备好茶。』袭人等捧过茶来才吃了一口，又见平儿进来拜寿。因刚巧有四人都是今天生日，乘长辈外出，一群青年人饮酒行令十分热闹。及至散去，见袭人『捧着一个小连环洋漆茶盘，里面可式放着两钟新茶』。说见宝玉和黛玉两个半日没吃茶，巴巴的倒了两杯来。宝玉拿了一杯，袭人见黛玉与宝钗两人在，便说：『哪位喝时哪位先接了，我再倒去。』宝钗说：『我倒不喝，只要一口漱漱就是了。』然后把剩下的半杯给了黛玉，黛玉说：『大夫不许多吃茶，这半钟尽够了。』宝玉回房后，见柳家有人给芳官送饭来，又陪着吃了一顿。刚走出来，又遇袭人来说：『等你吃饭呢。』宝玉只好和茶水泡了半碗饭，应景而已。

茶水外交

未完稿的晚清小说《孽海花》，记述了当时清政府有关外事方面的一些史实。

主人公雯青状元及第后，受命出使俄罗斯、德意志、荷兰、澳大利亚，并带上经夫人点头新娶的二房付彩云（原型为赛金花）作为公使夫人一起赴任。到了德国，雯青向彩云说起外事活动的故事。彩云叫丫头『替老爷快倒一杯酽酽儿的清茶来』。雯青就说：『那我就讲个茶故事吧。』他讲的是，英国上流社会妇女组织手工比赛会，看谁得的金币多谁就获得第一名。中国驻英使馆的曾侯夫人也接到邀请，她丈夫怕她拿不出像样的手工而丢了面子，看到她也没做什么准备，越发着急。到了会场又和夫人走散。忽然听到一片喝彩，原来是为其夫人鼓掌，只见夫人坐在桌旁，桌上摆着十几个康熙五彩鸡缸杯、几把龚春紫砂名壶，用无锡惠山第一名泉之水，冲泡武夷山的名茶，香气四溢。那些参观中正感口渴的洋人们品茶之余，大把大把将金币掷给会泡茶的曾侯夫人，曾侯夫人最终获得第一。

茶马贸易

宋代因战事频仍，对战马有大量需求，且十分迫切，为此实行了茶马贸易政策。政府设置了茶场司和买马司，并在解决两机关间各自争利的矛盾中不断推动政府职能的改善，最后决定茶司兼管马司，最终裁定权由一名专职官吏负责。

卖茶场曾发展至数百个，买马场也有六个，成为军马重要来源地。元丰年间，一百斤茶可换一匹马，约合三十贯钱，比价也是随行就市。一匹优良品种的马可换茶二百五十斤。据资料记载：元符年间，交易所得可用于作战的马匹达万匹，茶税四百万缗。宣和三年，得战马近二万三千匹。实践证明，茶马贸易无论在政治与经济方面，对各方都是利益均沾的。

画面中马与牵马人形象取宋李公麟笔意。

閑雜人等
禁入茶庫

茶政难定

金章宗完颜璟（公元1189~1208年在位）也为麻烦的茶政而大伤脑筋。由于金朝上下饮茶成风，每年大量购茶用的金银流入宋朝。他想，这不是等于『资敌』了吗！于是想出个对策——设官造茶。自己种茶自己喝，不就断绝了宋朝卖茶收入的财路吗！金章宗立马派尚书省令史承德郎刘成出差河南督办茶政。大约是刘成不大懂茶，没有亲自试茶，只听信当地人所言，便向皇帝汇报说这不是茶，而叫『温桑』。皇帝见挺好的方案不能实现，认为刘成办事不力，打了七十棍并罢了他的官。

金章宗仍然命地方造自己的品牌新茶，一斤一袋，售价六百文。还自我解嘲说：『朕尝新茶，味虽不佳，亦岂不可食也。』后来为了推销又减至每斤三百文，仍因质量不好，到了第二年四月，存货大量积压、腐败变质。如此勉强支撑了五年之后，终于被迫关闭造茶厂。

不过，朝廷又找出一个理由说茶『非必用之物，……以有用之物，而易无用之物，若不禁，恐耗资弥甚』。于是公告宣布：只有七品以上官僚，方有资格在家喝茶，但不准私卖私送，家里所存之茶多一两也要定罪。至于平民百姓，只好去饮凉白开了。几年后又出新政策：茶是宋朝土里长的草芽，禁止以有用的丝、锦、绢去换取；但盐是卤水晒出的，咱有的是，可以换茶喝。

罢造龙团

据明沈德符《野获编补遗》所载，明朝初年，民间向朝廷贡茶沿用宋制，即『碾而揉之，为大小龙团』，朱元璋认为这种方法重劳民力，决定『罢造龙团，惟采茶芽以进』，所选茶芽为『探春、先春、次春、紫笋』四种，『惟取初萌之精者汲泉置鼎』，直接泡茶而饮。

明太祖朱元璋（公元 1328~1398 年）有十余幅形象完全不同的画像传世。一类是南薰殿历代帝皇像中所呈现的五官端正、仪表堂堂的帝王形象。另一类似乎更接近古代图案中龙的长相，有一张画像上端还题有『明太祖真像』。本画即参照这一『真像』而绘。

驸马私茶

在中国古代，做驸马爷并不一定就代表生活光鲜亮丽，也不像一般百姓那样两口子生活在一起。驸马见公主一面实非易事，更不用说还有可能遇上狠心的公主奶妈，从中作梗，大敲竹杠了。历史上也有不少驸马获罪之事。宋代画家王诜就是宋英宗之女秦国大长公主的丈夫，公主因夫妻失和而死，皇帝老泰山气得大骂女婿『失行』『不忠』，下狱问罪。

画中所示，为明代驸马涉及贩私茶被判死罪案。据清代史料载，明太祖时规定，到茶区买茶，要先交费办茶证，茶局批验时如手续不合即以私茶罪论死，过境关卡不纠者处斩。民间存贮不得超过一个月的用量。茶户私卖，茶园没收充公，可见茶法十分严厉。驸马欧阳伦奉命西使，竟然顶风犯法，倚势横暴，私自把四川茶叶装了五十辆大车，出境贩卖，中饱私囊，被茶货官河桥巡检司吏告发。皇上大怒，命将主犯驸马一干人等处死。告发者『特嘉劳之』。

画面参照南薰殿历代帝皇像及《明刻列女传》插图笔意。

有客分茶

张可久（约公元1270~1350年），字小山，庆元路（今浙江鄞州）人，元代散曲作品极丰的著名作家。曾任省署掌管文牍的首领官。所作《折桂令·村庵即事》中云：『楼外白云，窗前翠竹，井底朱砂。五亩宅无人种瓜，一村庵有客分茶。』『有客分茶』一句，表现了隐居世外之人虽闲散孤傲，一旦有高朋前来，亦殷勤奉茶。分茶，唐宋朝有煎茶加姜、盐，分茶则不加之别。另一位元曲作家孙周卿有小令二十三首传世。其中《水仙子·山居自乐》中亦有云：『亲眷至煨香芋，宾朋来煮嫩茶，富贵休夸。』总之，客人落座献茶，这是民间约定俗成的待客规矩。

三茶六礼

中国古代男人想把别家女儿娶进门来成为自己媳妇，也是要遵守很多规矩的，即『三茶六礼』。所谓三茶为：下聘为下茶，受聘为受茶，定亲为定茶。六礼为：纳采、问名、纳吉、纳征、请假、亲迎。经过诸多步骤，方称得上明媒正娶。茶礼的本义是借用『茶不移本，植必子生』的吉祥之义。

说媒时，如妇方同意称『接茶』。请媒人喝一碗香茶称『吃茶』。婚后三天，娘家要送亲家茶果称『三朝茶』。新妇将茶拜送长辈及小叔子称『饷茶』。女儿如不同意婚事，包上一包茶亲至男家称『退茶』。各地风俗繁多，不一一列举。

逐客示意

中国古代的饮茶礼仪或说是约定俗成的规矩之一是：如果主人端起茶杯相让，便有逐客之示意，来访的客人则不便继续久坐，引起主人的不快。元代杂剧中就有『点汤是逐客，我则索起身』的唱词。上溯至宋代，原本是『客来设茶，客去设汤』，汤指用甘香药材制成的饮品，后来演变成逐客的潜规则。

端茶送客

清人所撰《清稗类钞》中有如下一段文字，可以透彻解释『端茶送客』的含义：『大吏之见客，除平行者外，既就坐，宾主问答，主若嫌客久坐，可先以茶碗以自送之口，宾亦随之，而仆已连声高呼「送客」二字矣。』

清代小说《官场现形记》中有更具体描写。两家阔少爷凭着各自做官或经商的父亲，拼爹捐了个候补道，却对官场规矩啥也不通。一天，两人穿戴光鲜、配饰华丽，相约去见一位署院副钦差。会见中出尽了洋相，让署院大人很是惹火，只得端茶送客，等到署院把茶碗放下，其中一阔少『依旧坐着不动』，还对同来的说：『刘大哥，时间还早，再坐一回去。』后来见署院也站了起来，手下的人一叠连声的喊『送客』，他只得起身跟着出来。副钦差对他二人十分不满，摇头不已。

茶会流香

奉茶不恭

清代小说《儒林外史》有一段关于敬茶规则的有趣描写。有个不求上进的青年姓牛，拾到一张帖子，是一位赴任路过的县官，慕名至此要拜访一位未曾谋面有才学的姓牛的布衣。拾到别人拜帖的青年想出歪点子准备冒名顶替搞接待，便借用老丈人的屋子，又让小舅子充当奉茶的下人。

第二天，主妇生起炭炉子，煨出一壶茶来，寻了个捧盘、两个茶杯、两个茶匙，又剥了四个圆眼，一个杯子里放了两个。等到客人登门落座，小舅子『捧出两杯茶，从上面走下来』，送完茶，却直挺挺呆站在堂屋内。客人走后，牛姓青年指斥说：『但凡官府来拜，规矩是该换三遍茶，你只送了一遍就不见了。』

画面表现的是这位小舅子居中而站，盯着客人看的怪相，显得很不礼貌。

递茶定式

清代小说《儿女英雄传》中很多描写涉及当时市井生活的细节。比如书中写道，大家庭的一位公子从乡试下来回到家，母亲听说儿子在考场喝不上水，就对丫头们说：『怎么也不会给你大爷倒碗茶来呀？』一个丫头应声答道：『奴才倒了来了。』『便见他一双手，高高儿地举了一碗熬得透瀼、得到不冷不热、温凉适中、可口儿的普洱茶来。……只见他举进门来，又用小手巾儿抹了抹碗边儿，走到大爷跟前，用双手端着茶盘翅儿，倒把两胳膊往两旁一撬，才递过去。原故，为得是防主人一时伸手一接，有个不留神，手碰了手。这大约也是安太太平日排出来的规矩。』等大爷喝了那碗茶，这丫头一旁接过茶碗来，才退出去。

壶口禁忌

清人所著《天香楼偶得》载：『今人凡酒壶茶壶之口，禁忌向人，「云向之有口舌」。此说盖有所本。《礼记·少仪》云：「尊壶者面其鼻。」解者曰：「设尊设壶，皆面其鼻以向君，见惠自君出也。」』所谓『鼻』，就是壶把。摆桌时要把壶把对向尊者，壶嘴朝向地位较低者，可见壶的把与嘴有尊卑之分。因此，将壶把向人，以表示对客人的尊重。

难品酽茶

奉茶待客应该热情，但也不可过之。盖碗中放太多茶叶，也不见得招人待见。

清代小说《儿女英雄传》中就描述了这样的情景：安公子高中了探花，到老岳父家见礼。小户人家的老丈人自然无比激动，连忙接过家人手里的开水壶泡茶，端给女婿。『公子连忙站起来要接，见没茶盘儿，摸了那茶碗又滚烫。……及至晾了晾，端起来要喝，无奈那茶碗是个斗口儿的，盖着盖儿，再也喝不到嘴里。无法，揭开盖儿，见那茶叶泡得岗尖的，待好宣腾到碗外头来了。心想，这一喝，准闹一嘴茶叶，因闭着嘴咂了一口，不想这口稠咕嘟的酽条咂在嘴里，比黄连汁子还苦。攒着眉咽下去，便放下碗，倒辜负了主人一番敬客之意。』

茶会礼仪

著有《茶谱》的明皇子朱权（公元1378~1448年），为避皇帝的猜忌，在家里埋头研究冷门学问，如医卜星历、琴谱剧本。关于茶事他曾写道：『命一童子设香案携茶炉于前，一童子出茶具，以瓢汲清泉注于瓶而炊之。然后碾茶为末，置于磨令细，以罗罗之。候汤将如蟹眼，量客众寡，投数匕入于巨瓯。候茶出相宜，以茶筅摔令沫不浮，乃有云头雨脚。分于啜瓯，置之竹架，童子捧献于前。主起，举瓯奉客曰：「为君以泻清臆。」客起接，举瓯曰：「非此不足以破孤闷。」乃复坐。饮毕，童子接瓯而退』。主客品茶一瓯后，『话久情长，礼陈再三，遂出琴棋』。这描述的是一套很完整的茶会礼仪。

画面取明代仇英画作笔意。

太后残茶

慈禧也是个离不开茶的主儿。故宫里离她住所近处有御茶房，不灰木炉子里二十四小时生着炭火。就连她在颐和园乘龙舟游湖时，也要有一支载着铜茶炊的御茶房小船跟随着。

慈禧太后身边曾有位得宠的女官叫德龄，是清廷驻法国大使裕庚之女。德龄后来写有记录当时宫廷生活的《清宫二年记》《御香缥缈录》《瀛台泣血记》等。

书中记载，西太后乘火车去奉天一游，其专列经改装后十分豪华。为了随时供茶，在后面拖挂的车厢内设了一处小小的工作间，安置有炭炉，太监张福专司备茶之事。作者写道：『提起喝茶……太后是一个很有研究的品茶者。伊所常用的茶叶，也有好几十种，茉莉茶和莲花茶，只是最普通的两种而已。』西太后的茶碗除白色、蓝色瓷盏外，还有一个玉碗，由一个金托衬着。在火车上因为茶，德龄与另一位陪同的女官还产生了纠纷。有一天，『太后喝过几口茶，想把茶杯放下来，那位女官便走过去替伊接了，其时那杯中还有半杯茶留着』。虽然西太后不曾吩咐给她喝，那女官自作主张『向太后磕了一个头，把那半杯茶喝完了』。这一举动虽属违规，却没有引起西太后动怒。倒是德龄看了浅浅一笑，遭到女官的白眼。

吃讲茶去

过去，如果见到茶馆一张已被预定的桌上放着嘴对嘴的两把茶壶，人们就会晓得这里将会出现调解纠纷的场景。届时会有一位有威信的老茶客前来，待他坐定后，矛盾双方各自进行申诉，最后经老茶客仲裁，谈妥和解条件，握手言欢。店里的伙计见问题已和平解决，便上前将两把茶壶的壶嘴相交摆放，图个好彩头。民间称这种做法叫『吃讲茶』。

信義

帮会暗号

过去，各帮会都有自己一套特殊的联系暗号。比如一个帮会成员出门在外，希望找到同一帮会的组织以便求得照应，就会到一个有规模的酒馆茶楼，坐定后，把碗盖的圈足向外（一说向上）放在茶碗的左边，伙计如果是帮会成员，见此情况，便过来在碗右边放上一双筷子，客人要赶快把筷子移放在茶碗前端，这样双方便确定是自己一个派别的成员，算是接上组织关系了。

茶阵求助

『天王盖地虎，宝塔镇河妖』这句黑话，随着影视剧《智取威虎山》广为传播，连小孩都熟知。用茶壶茶碗摆各种各样的所谓『茶阵』，也是民间秘密组织的联系方式之一。

例如，在茶馆酒楼内，来客将一把茶壶一只茶碗摆好，茶碗内此时是注满茶水的。这便是一种求救暗号，称为『单鞭阵』。因为一般茶客遵循的民间习俗是：酒要满、茶要虚。如果愿意提供救助的人见此阵，便直接把茶喝干。不能相救的，则把这碗茶水倒掉，再重新倒茶喝。双方就心知肚明了。画面所示一把茶壶、四只注了茶的茶碗一字排开，也是一种帮会秘密求助暗号，称为『四忠臣阵』。若有人见此阵，走过来饮左起第一只碗，则表示同意接济其家人。饮第二碗表示同意借钱给他。饮第三只碗表示同意救人性命。饮第四只碗表示同意援助危难。

陆师知茶

唐代宗李豫（公元727~779年）崇敬佛法，也喜欢饮茶，始创中国最早官茶场——贡茶院。他所制定的贡茶制度延续达六百年之久。代宗曾邀请陆羽的师父竟陵大师智积入内供奉，让会煮茶的宫人献茶，没想到大和尚只喝了一口便放下了茶杯，代宗不解其意。后来听说大和尚只喜欢陆羽烹的茶，陆羽离寺便多年不再饮茶。皇帝派人把陆羽召来烹茶，却不令其师徒见面。但见大和尚把茶一饮而尽，说：『此茶有似渐儿所为者。』代宗赞叹大和尚懂茶，让陆羽出来与他相见。

唐代大书法家、湖州刺史颜真卿就是在代宗朝监制贡茶的首任大臣。

三癸茶亭

颜真卿（公元709~784年），字清臣，京兆万年（今陕西西安）人。唐代书法家。历官平原太守、吏部尚书、太子太师，封鲁郡公。

唐代诗僧皎然作过一首《奉和颜使君真卿与陆处士羽登妙喜寺三癸亭》，诗中有『缮亭历三癸』句。这是怎么回事呢？原来，颜真卿受到奸臣排挤，被贬为湖州刺史。任上结识了陆羽及皎然等人。陆羽崇敬颜真卿正直人品，并协助其完成了著作《韵海镜源》。为了使文人雅集有固定场所，陆羽向颜长官建议在妙喜寺旁建一茶亭。得到批准后，陆羽亲自设计。茶亭于公元773年的一天——恰为癸丑年、癸卯月、癸亥日完工，所以定名『三癸亭』，由颜真卿亲笔题匾，并留有《题杼山癸亭得暮字（亭，陆鸿渐所创）》诗作一首。茶亭建成后茶会不断，因而也留下许多即席而作的咏茶之诗，其中颜真卿的《五言月夜啜茶联句》尤为有名。

三癸亭

归来日斜

皎然，俗姓谢，名昼，字清昼，南朝宋谢灵运十世孙。唐代诗僧，住吴兴杼山妙喜寺。喜茶饮，著作较丰，茶诗亦有多首传世。如《饮茶歌诮崔石使君》有云：『一饮涤昏寐，情来朗爽满天地，再饮清我神，忽如飞雨洒轻尘。三饮便得道，何须苦心破烦恼。……孰知茶道全尔真，唯有丹丘得如此。』后人一般均据此句谈论中国茶道之有无。

皎然常常来找陆羽，有时因陆羽进山考察而不遇，因而留有《寻陆鸿渐不遇》的诗作，其中有『扣门无犬吠，欲去问西家，报道山中去，归来每日斜』之句。

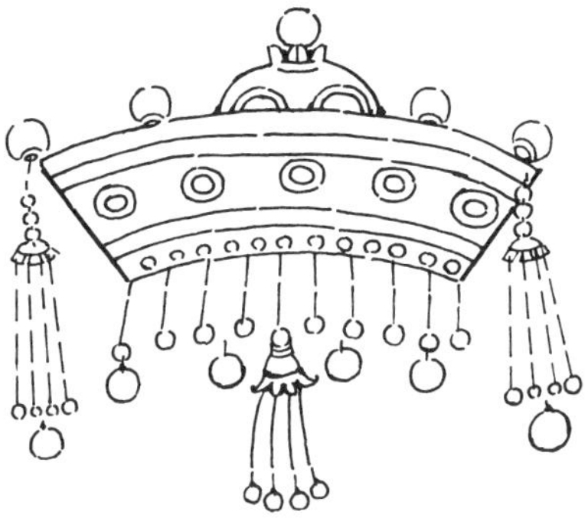

因茶相知

陆羽虽是一介寒士，却在以茶会友之中结交了许多文学底蕴深厚、品格清雅的高朋，相互间的友谊也是长久的。尤其值得一提的是他与湖州有『女中诗豪』之称的道士李冶（字季兰，今浙江湖州人）的诗谊，两人多次在一起谈诗说茶。李季兰《湖上卧病喜陆鸿渐至》诗中有云：『昔去繁霜月，今来苦雾时。相逢仍卧病，欲语泪先垂。』两人十年两相遇，彼此成知己。既『喜』又『泪先流』，可见女道士见到陆羽探病时那种难以言表的情感。

诗僧皎然闻名朝野，贞元八年（公元792年），唐德宗李适曾命集贤院写其文章藏于秘阁，时以为荣。他同陆羽是最要好的朋友，也与李季兰相识，留下《答李季兰》诗一首：『天女来相试，将花欲染衣。禅心竟不起，还捧旧花归。』风流倜傥的诗僧，以天女散花的佛典故事表明自己禅心铁定，不食人间烟火。诗意尤浓，然事由朦胧。朱放曾在越东为官，隐居剡溪时也是陆羽茶友之一，亦与女道士相识，留有《别李季兰》诗一首：『古岸新花开一枝，岸傍花下有分离，莫将罗袖拂花落，便是行人肠断时。』这恐不是单方面的情感流露吧。因为李季兰也有一首《寄朱放》，其中云：『相思无晓夕，相望经年月。……别后无限情，相逢一时说。』

在画中描绘的品茶场景将四人集合于一起，算是一种穿越手段，但他们确因陆羽而相识，因茶会而相知。

陆羽瓷像

陆羽因《茶经》而成名，却也因此而被掩盖了其在其他诸多领域的研究成就。例如，陆羽著有《君臣契》三卷、《源解》三十卷、《江表四姓谱》八卷、《南北人物志》十卷、《吴兴历官记》三卷、《湖州刺史记》一卷、《占梦》三卷等。

陆羽因茶得名，便有人利用他的名气谋利。《大平御览》记有：『巩县为瓷偶人，号陆鸿渐，买十器得一鸿渐，市人沽茗，不利辄灌之。』说的是茶商制作不少陆羽瓷像，如果客人购买茶具十件，便可免费赠送一个小瓷人，成为吸引顾客的有奖销售手段之一。

茶

煮茶蒙羞

唐人封演也在所著《封氏闻见记》中记载了有关陆羽的一则故事：『楚人陆鸿渐为茶论，说茶之功效并煎茶炙茶之法，造茶具二十四事以「都统笼」贮之。远近倾慕，好事者家藏一副。』有一个姓常的人，因按陆羽之法煮茶成为出名的善茶人。一日，有位御史大夫慕名对他发出邀请，只见茶席之上，常某『著黄被衫，乌纱帽，手执茶器，口通茶名，区分指点』，派头十足，而御史只喝了两杯便停了杯。后来御史听说陆羽也是能茶而有名者，请来之后，却见陆羽身衣野服，随茶具而入，煮茶手法与上次的常某看着也没大两样，心里就很看不起陆羽，喝茶后让手下人拿了三十钱给『煎茶博士』。陆羽很生气，赌气便写了篇《毁茶论》。

荈草被冈

杜育（?~公元311年），字方叔，晋代襄城邓陵（今河南襄城）人。所作《荈赋》为古代第一篇咏茶赋。荈（音喘）为晚采的茶。据传杜育小时被称为『神童』，成人后又被称为『杜圣』。赋中描写当时采茶及饮茶的情况：『厥生荈草，弥谷被岗。承丰壤之滋润，受甘霖之霄降。月惟初秋，农功少休，结偶同旅，是采是求。水则岷方之注，挹彼清流。器择陶简，出自东隅；酌之以匏，取式公刘。惟兹初成，沫沉华浮，焕如积雪，晔若春敷。』是中国茶史上珍贵的文字资料。

七碗风生

卢仝（约公元795~835年），号玉川子，祖籍范阳（今河北涿州）。唐代诗人。虽不愿为官，却因留宿宰相王涯书馆，卷入『甘露事变』被杀。卢仝嗜茶，所作咏茶诗《走笔谢孟谏议寄新茶》常为茶人津津乐道。诗云：『一碗喉吻润，两碗破孤闷。三碗搜枯肠，唯有文字五千卷。四碗发轻汗，平生不平事，尽向毛孔散。五碗肌骨清，六碗通仙灵。七碗吃不得也，唯觉两腋习习清风生。』

后世有人认为连啜七碗茶水也实在是太多了。

北堂茶篇

虞世南（公元558~638年），字伯施，越州余姚（今浙江慈溪）人。为唐初书法四大家之一。官至弘文馆学士等职。其所著《北堂书钞》中《茶篇》讲到茶的功效『益气少卧，轻身能老，饮茶令人少眠，愤懑恒仰真茶』。

茶
篇

汲水留名

白居易经常收到朋友从各地寄来的新茶，故而非常自豪，作诗云：『不寄他人先寄我，应缘我是别茶人。』同时也喜欢在饮茗时约上一二好友：『无由持一碗，寄与爱茶人。』有一日，又有新茶寄来，他想请韬光寺禅师入府一起评品，在请柬上写：『命师相伴食，斋罢一瓯茶。』然而禅师在回复中写道：『山僧野性好林泉，……恐妨莺啭翠楼前。』不愿掺和尘世中声色，婉拒了他。白居易十分理解高僧恪守戒律只图清静的意愿，把茶具收拾停当，立马跑到禅寺，登门与禅师一起汲水烹茶。从此，寺内之井被称为『白居易汲水烹茗井』。

吕祖论茶

吕岩（公元798年~？），字洞宾，唐代河东蒲州（今山西芮城）人。进士出身，官至县令。后作为道士浪迹江湖，被民间传为八仙之一，奉为道教全真教纯阳祖师。

吕岩喜饮茶，作有《大云寺茶诗》，诗云：『玉蕊一枪称绝品，僧家造法极功夫。兔毛瓯浅香云白，虾眼汤翻细浪俱。断送睡魔离几席，增添清气入肌肤。幽丛自落溪岩外，不肯移根入上都。』

画面人物形象参照元代永乐宫壁画笔意。

宝塔茶诗

元稹（公元779~831年），字微之，河南（今河南洛阳）人。唐代文学家。明经擢第，官至监察御史。工诗，与白居易并称『元白』，是《西厢记》中张生的原型。元稹性爱茶。诗作中有『天子下帘亲考试，宫人手里过茶汤』之句。特别是做有格式不多见、呈三角形排列的所谓宝塔诗《茶》传世，为白居易离长安赴任的饯行会上所作。

茶。
香叶，嫩芽。
慕诗客，爱僧家。
碾雕白玉，罗织红纱。
铫煎黄蕊色，碗转曲尘花。
夜后邀陪明月，晨前命对朝霞。
洗尽古今人不倦，将至醉后岂堪夸。

泼茶一饮

最早推行茶叶征税的唐德宗李适，对于饮茶很有兴趣。一日他微服私访，正值三伏，天气闷热，便走进西明寺避避暑热，正好闯进大臣宋济在寺院中暂住的一个小院子内。宋济借居禅房图的是凉快随意，所以服装自然是家居款式，『犊鼻葛巾』，即仅着长至膝盖的麻布裤衩，背对着院门，坐在檐下抄书纳凉。皇帝没有看清楚是何许人也，只是很有礼貌地说：『茶请一碗。』宋济也没有回首看看来客是谁，只顾低头抄书，随口说了声：『鼎火方煎，此有茶末，请自泼之。』这里说的『泼茶』当为后世点茶法之发端。

烹茶写真

阎立本（?～公元673年），雍州万年（今陕西西安）人。唐代画家。官至中书令。擅长人物，冠绝古今。有珍贵画作传世。

传为阎立本所作的《萧翼赚兰亭图》描绘了这样一个故事：酷爱王羲之书法的唐太宗李世民已收藏王羲之真迹数千幅，唯独没有《兰亭序》真迹。后经调查，真迹在南朝梁司空袁昂后人、和尚辩才手中，辩才也擅书法，《兰亭序》是他师父、王羲之七世孙智永传给他的。唐太宗曾两次传辩才来京谈此帖上交事宜，却终因辩才声称真迹毁于战火而无果。唐太宗便命监察御史萧翼智取此帖。萧翼化装成贫困书生，逐步得到辩才信任。假书生说：『我因不舍卖掉家传王羲之书法真迹才落到这般地步。』辩才打开萧翼所带王羲之手迹一看说：『虽好，不如我的珍贵。』中了萧翼的圈套，把真迹拿了出来。萧翼一见喜出望外，却故意说：『你这是假的，真的已毁于战火了。』辩才说不过他，只得又收回卧室梁木之上。等到第二天辩才外出时，萧翼盗取此帖逃走。辩才也因失去真迹，不久便病故了。唐太宗得到《兰亭序》后，自然很是高兴，将其作为陪葬。

阎立本此图绘出辩才的疑虑和萧翼狡诈的神态，可谓入木三分。本画面仿自该图之局部，这个烹茶的人神情有些紧张，大约是萧翼的伴当。这幅画为今人研究唐代茶文化，提供了可靠、可视的珍贵形象资料。

寺院植茶

怀海（约公元720~814年），福州长乐（今福建福州）人。唐代著名高僧。因所住大雄山海拔高，俗称百丈山，故被称为『百丈怀海』。其所做佛门戒条《百丈清规》中，要求寺中和尚一律每日都要劳作，不劳者不得食。特别提倡在寺院植茶树、试制名茶，出现『茶僧』称谓。佛日道场规定用茶汤供养，逐渐在全国寺院得以推广，名曰『茶供三宝』，成为佛门仪轨。

茶将何比

施肩吾，字希圣，号东斋，杭州新城（今属浙江杭州）人。唐宪宗元和十五年进士。归隐不仕，道号华阳真人。所作《蜀茗词》云：『越碗初盛蜀茗新，薄烟轻处搅来匀。山僧问我将何比，欲道琼浆却畏嗔。』诗虽仅四句，却包容了丰富内涵。茶具精美，越窑小盏。茶品优质，蒙顶新茶。从这一点上说，僧、道二人感觉是一样的。然而在某些观点上又有分歧，道士欲将茶比酒，又恐犯了佛家戒律，争执起来，破坏了当下平和的氛围。

说吃茶去

『吃茶去』是唐代被人称为赵州和尚的高僧从谂（公元778~897年）提出的禅林法语，可谓『三字千金百世令』。

据宋普济所作《五灯会元》记载：『师问新到：曾到此间么？曰：曾到。师曰：吃茶去。又问僧。僧曰：不曾到。师曰：吃茶去。』有《赵州吃茶颂》云：『见僧便问曾到否，有言曾到不曾来。留坐吃茶珍重去，青烟暗换绿纹苔。』

故事还未就此打住。在赵州和尚身旁的院主很奇怪，便问：『怎么对他们两个都说吃茶去？』只见赵州和尚看了他一眼说：『吃茶去！』

地炉柏茗

寒山子，生卒不详，且无名无姓。民间相传为唐代一个贫穷而又疯癫之人。常到国清寺去取在寺中食堂干活的和尚拾得特意为他倒在竹筒中的剩饭菜。他『状如贫子，形貌枯悴，一言一气理合其意，沉思有得，或宣畅呼道情』。著有《寒山诗集》传世。其所作《久住寒山凡几秋》中云：『久住寒山凡几秋，独吟歌曲绝无忧。蓬扉不掩常幽寂，泉涌甘浆长自流。石室地炉砂鼎沸，松黄柏茗乳香瓯。饥餐一粒伽陀药，心地调和倚石头。』

画面人物取明代《寒山拾得图》笔意。

鹦鹉报茶

张蠙，字象文，清河（今河北清河）人。唐昭宗乾宁进士。后仕于前蜀，官至金堂令。所作《夏日题老将林亭》云：『百战功成翻爱静，侯门渐欲似仙家。墙头雨细垂纤草，水面风回聚落花。井放辘轳闲浸酒，笼开鹦鹉报煎茶。几人图在凌烟阁，曾不交锋向塞沙？』

据载，前蜀后主看见张蠙在大慈寺墙上的这首题诗，认为他很有才学，准备加以提拔，却被权臣宋某进言，以他对驸马爷不尊重为由作罢。

诗中所言鹦鹉学舌是因其常听主人说『煎茶』而学会的发音，可见老将军爱茶之甚。

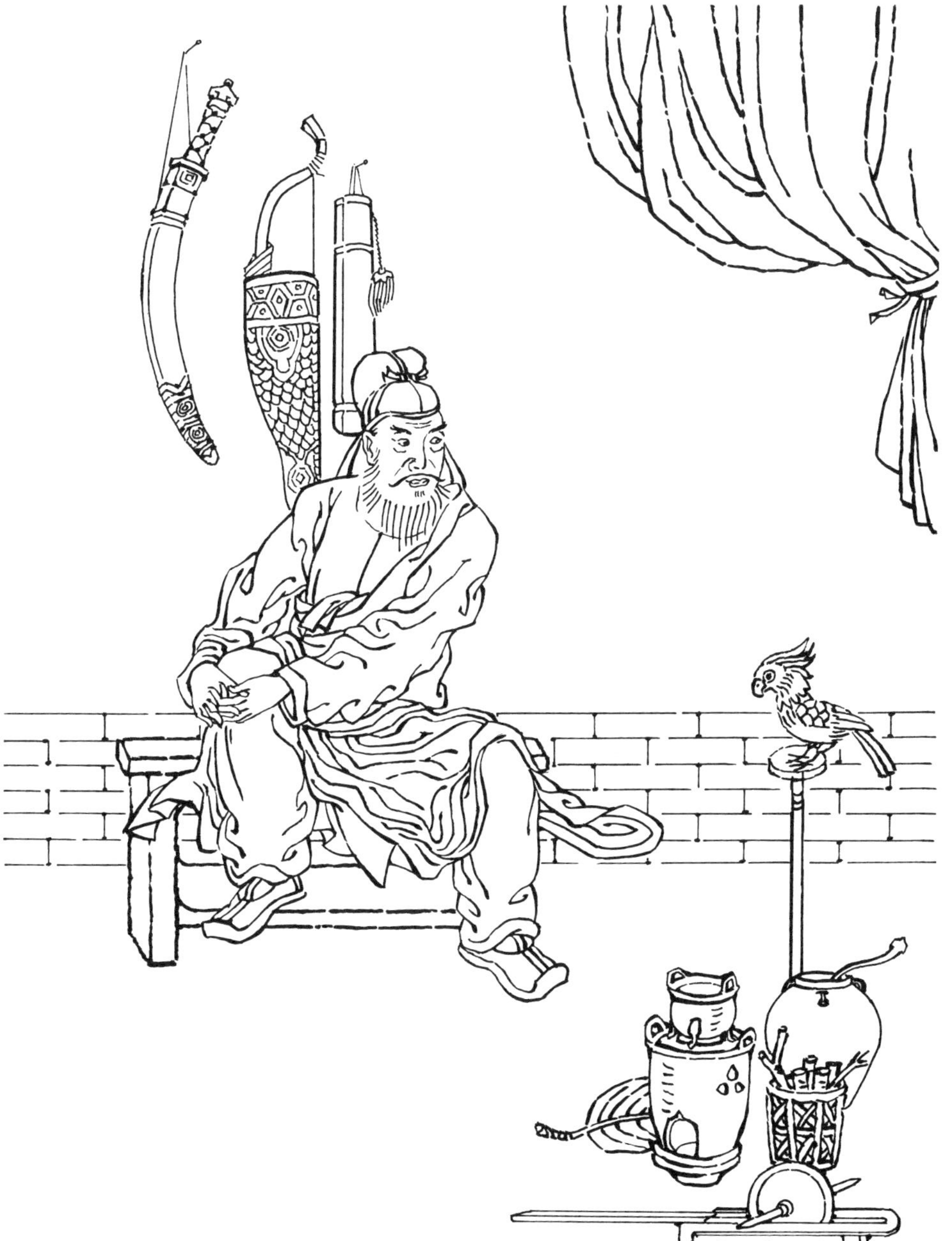

茶烟氤氲

『茶烟』一词见之于那些醉心茶事的文人诗作之中。从本质上说，应该是茶本身受热后，释放出的一种物理变化之气体。当然也是爱茶之文人内心的一种体验。并非指燃炭的青烟和煮水的蒸气。

唐代杜牧所作《题禅院》中有『今日鬓丝禅榻畔，茶烟轻飏落花风』。宋代陆游所作《病中久止酒有怀成都海棠之盛》有『说与古人应不信，茶烟禅榻鬓成丝』。朱熹所作《茶灶》中有『茶烟袅细香』。道士张继先《庵居杂咏九首·其九》有『钟声鼓声朝夕鸣，茶烟炊烟先后生』。元李德载作《中吕·阳春曲》中有『茶烟一缕轻轻飏，搅动兰膏四座香』。

此画取《晚笑堂画传》笔意。

徽宗点茶

蔡京（公元1047~1126年），字元长，兴化军仙游县（今福建莆田仙游）人。北宋徽宗时权臣。进士出身，多次为相，以权势定司马光等120人为奸党，进行打击。后被贬官死于放逐途中。据其《保和殿曲宴记》所载，宣和元年（公元1119年）九月十二日，以蔡京为首的包括其任礼部尚书的儿子蔡攸等在内的14名宠臣，应宋徽宗之召，到皇宫内全真阁观看皇帝的茶艺表演。

画面设想了宋徽宗在茶会前检查落实表演所需各种茶具是否齐全，且蔡京也提前跑来帮忙清点的情景。

润笔龙茶

据《宋稗类钞》载，蔡襄（公元1012~1067年）曾为欧阳修（公元1007~1072年）书《集古录目序》。为此，欧阳修送给他不少珍贵礼品作为润笔。其中有：大小龙团茶饼、惠山矿泉水、鼠须栗尾笔、铜绿笔格。蔡对此感到十分称心，认为『清而不俗』，值得收下。过了月余，蔡听说有人送给欧阳修一箱焚香用的石炭，也是难得之精品，十分懊丧地连声说：『迟了，这人送的太迟了，使我那润笔中缺少了这一佳物。』

画面取清代《晚笑堂画传》笔意。

茶钱建亭

司马光（公元1019~1086年），字君实，陕州夏县（今山西夏县）人。宋代政治家、史学家、文学家。进士出身，官至翰林学士、尚书左仆射兼门下侍郎。其所置独乐园内各种花卉争奇斗艳，引得不少人慕名前来观赏。因为是私宅，贸然进入大为不妥，所以纷纷以付『茶汤钱』为名交钱给园丁，求得进园一观。时间一久竟积存至万钱，园丁没有入自己私囊，而是上交司马光，司马光问明缘由后说道：『吾岂缺少这些钱用吗！』就赏给了园丁。没想到园丁却说：『难道天地之间只有你不爱钱吗？』于是用这些钱在园内修建了一座井亭，以方便前来赏花之客。

画面人物取清代《晚笑堂画传》笔意。

税茶冗繁

苏洵（公元1009~1066年），字明允，眉州眉山（今四川眉山）人。北宋文学家。他的哥哥是进士出身，但他却场场不中，于是着意培养儿子苏轼、苏辙，终于二子均进士及第，三苏名震京城。苏洵很多著述中不乏大胆批评时政的内容，都得到朝廷重视。

《苏洵集》中《送陆权叔提举茶税》有云：『君家本江湖，南行即邻里，税茶虽冗繁，渐喜官资美。嗟君本笃学，寤寐好文字。往年在巴蜀，忆见《春秋》始。名家乱如发，棼错费寻理。今来未五岁，新《传》动盈几。又言欲治《易》，杂说书万纸。君心不可测，日夜涌如水。何年重相逢，只益使余畏。但恐茶事多，乱子《易》中意。茶《易》两无妨，知君足才思。』一个研究《春秋》《易》的学者，跑去管理茶税，苏洵很为他惋惜，认为他为追求高工资而放弃学术目标，很不值。

巧索香茶

苏轼（公元1037~1101年），字子瞻，眉州眉山（今四川眉山）人。宋代大文学家，被列为唐宋八大家之一。进士出身，官至礼部尚书，但因政见不同，多次被贬官。

苏轼性嗜茶，对茶事多有研究，留下不少咏茶诗作。如『戏作小诗君一笑，从来佳茗似佳人』。又如某日，他在寺中共饮了七盏酽茶后，写下『何须魏帝一丸药，且尽卢仝七碗茶』之句。

另外，民间还流传不少与其有关的茶故事。有一次，苏东坡外出游玩因口渴命仆人头戴草帽、脚蹬木屐，到一寺院找一位相识的方丈，但不说要什么东西。老方丈见是苏府的仆人，便问：『来此何事？』仆人便说：『只是让我穿戴如此，来索要一物。』老方丈闻之，又仔细看了看此人的装扮，草字头、中间为人、下面是木，猜到了苏东坡的用意：索茶。

画面取明代《罗汉图》笔意。

沸

新火新茶

苏轼在政治斗争漩涡中几经沉浮，更寄情于茶酒，所作咏茶诗词极多。如《望江南》：『寒食后，酒醒却咨嗟。休对故人思故国，且将新火试新茶。诗酒趁年华。』寒食节后是清明，苏轼因在山东诸城任上，未能回乡扫墓，故登北城超然台之上，思绪万千。古人寒食节不可举火煮热食，因此节后重新打着火炉，谓之新火。民间有曰：『酒要陈，茶要新。』所以苏东坡用新火新茶，似有生活虽不如意，『大不了从头再来』的味道。

仙人遗灶

朱熹（公元1130~1200年），字元晦，祖籍徽州婺源县（今江西婺源）南剑州尤溪（今福建尤溪）出生。宋代著名理学家，著作等身。进士出身，官至焕章阁待制。朱熹喜茶并将茶理与哲学相联系，自号『茶仙』。其咏茶诗《茶坂》云：『携籯北岭西，采撷供茗饮。一啜夜窗寒，跏趺谢衾枕。』《香茶供养黄檗长老悟公故人之塔并以小诗见意二首》中云：『炷香瀹茗知何处，十二峰前海月明。』《康王谷水帘》中云：『追薪爨绝品，瀹茗浇穷愁，敬酹古陆子，何年复来游。』古陆子指陆羽。其咏茶诗中最为有趣的是《茶灶》：『仙翁遗石灶，宛在水中央。饮罢方舟去，茶烟袅细香。』看！我在溪水中央发现一块奇石，状似茶灶，莫非是仙人为我留在这里的！在此烹茶与客畅谈，真是天时地利人和齐备，等到乘兴而归时，还恋恋不舍回首望去，那将逝去的茶烟真是令我不忍离开。武夷精舍旁的五曲溪中流，有『巨石屹然，可环坐八九人，四面皆深水，当中窠臼自然为灶，可爨以瀹茗』。石上至今还留有朱熹手迹『茶灶』二字。

半山春茶

范仲淹（公元989~1052年），字希文，吴县（今江苏苏州）人。宋代政治家、文学家。进士出身，官至参知政事。性喜饮茶。所作《和章岷从事斗茶歌》中有：『溪边奇茗冠天下，武夷仙人从古栽。……终朝采掇未盈襜，唯求精粹不敢贪。……鼎磨云外首山铜，瓶携江上中冷水。黄金碾畔绿尘飞，紫玉瓯心雪涛起。……长安酒价减千万，成都药市无光辉。不如仙山一啜好，泠然便欲乘风飞。』由于茶有益于健康，故品茶之人越来越多，喝酒、买药的便少了，人们神仙般的快活，这样该多么美好。在其所作《萧洒桐庐郡十绝》中云：『萧洒桐庐郡，春山半是茶。新雷还好事，惊起雨前芽。』小诗笔调清新明快，可见对雨前毛尖的喜爱之情。

茶会流香

贡茶余情

欧阳修被列为唐宋八大家之一，喜饮茶，撰《龙茶录后序》及咏茶诗作多首。所作《送龙茶与许道人》中云：『凭君汲井试烹之，不是人间香味色。』《和梅公仪尝茶》中云：『摘处两旗香可爱，贡来双凤品尤精。……喜共紫瓯吟且酌，羡君萧洒有馀清。』《双井茶》中云：『白毛囊以红碧纱，十斤茶养一两芽。长安富贵五侯家，一啜犹须三日夸。』还有一首《和原父扬州六题时会堂二首》，『时会堂』为扬州中转贡茶的集散地。是诗读起来有悲喜交加之感：『忆昔尝修守臣职，先春自探两旗开。谁知白首来辞禁，得与金銮赐一杯。』回想自己在任上尽心竭力，退休时皇帝赐了杯茶水，竟然是当年自己督造的贡茶，个中滋味谁人能解。

啜茗查书

李清照（公元1084~1155年），号易安居士，齐州济南（今山东济南）人。宋代女词人。家庭教育极好，使她工诗文、通音律、能书善画。丈夫赵明诚是宰相之子，任州郡行政长官，喜欢研究金石，著有《金石录》。夫君病故后，她曾一度改嫁，后又分手，生活很不如意。

李清照与前夫生活美满和谐，据载：『每饭罢，坐归来堂烹茶。指堆积书史，言某事在某书某卷第几行，以中否角胜负，为饮茶先后。中即举杯大笑，至茶倾覆怀中，反不得饮而起。』知识素养极高的人士，茶喝得也是有滋味、趣味、品位。

建溪春茶

林逋（公元967~1028年），字君复，钱塘（今浙江杭州）人。宋代诗人、隐士，标准单身贵族，种梅养鹤，后人称之为『梅妻鹤子。』

林逋热衷茶事。咏茶诗有《尝茶次寄越僧灵皎》：『瓶悬金粉师应有，筯点琼花我自珍。清话几时搔首后，愿和松色劝三巡。』另有《监郡吴殿丞惠以笔墨建茶各吟一绝谢之·茶》：『石碾轻飞瑟瑟尘，乳花烹出建溪春。世间绝品人难识，闲对茶经忆古人。』建溪春为福建建瓯所产名品，有水建溪经此而得名，在宋代便为人所捧，黄庭坚称：『平生心赏建溪春。』

麝月茶饼

蔡松年，字伯坚，号萧闲老人。金代人。官至右丞相，封卫国公。所作《尉迟杯》一词有云：『喜银屏、小语私分，麝月春心一点。』所谓麝月是形容嗅如麝香，形似满月，应指团茶。

另有金代党怀英所作咏茶词中云：『红莎绿蒻春风饼，趁梅驿，来云岭。』可见金朝时期，仍是团茶占主流地位，沿袭了宋代茶风。

画意取自河北井径柿庄出土金代墓室壁画。

卷帘品茶

柯九思（公元1290~1343年），字敬仲，台州仙居（今浙江仙居）人。元代书画家，以画竹闻名。特授学士院鉴书博士。其咏茶诗《春直奎章阁二首》中有云：『旋拆黄封日铸茶，玉泉新汲味幽嘉。殿中今日无宣唤，闲卷珠帘看柳花。』可见这位书画鉴定专家的日常很是悠闲。

浙江绍兴日铸山相传为越王铸剑之地，王龟龄说，自己按松萝茶制法找人试作日铸茶新品种，非常成功，起个好听的名字叫『兰雪』。没想到几年后，此茶『一哄如市』，市场反应很好，人们争买『兰雪』茶饮用。

下马试茶

元曲中有为饮茶店铺而写的作品，题为《阳春曲·赠茶肆》，共十曲。

其一：『茶烟一缕轻轻飏，搅动兰膏四座香。烹煎妙手赛维扬，非是谎，下马试来尝。』维扬指今苏州扬州。写得直白顺畅。其十曰：『金芽嫩采枝头露，雪乳香浮塞上酥，我家奇品世间无。君听取，声价彻皇都。』有如『誉满全球、销量第一』的商业广告。

画面取元代赵孟頫《斗茶图》笔意。

茶

博士风流

《阳春曲·赠茶肆》十曲之九：『金樽满劝羊羔酒，不似灵芽泛玉瓯，声名喧满岳阳楼。夸妙手，博士便风流。』茶博士指古代茶坊的伙计，亦有赞其烹茶技术高超之意。在宋元两朝，懂茶的伙计可能比酸腐文士更受人待见。

山西大同宋家庄元代墓室的壁画中绘一桌子，上置一个盖罐，罐体上墨书『茶末』二字，是十分珍贵的茶史资料，故本画中加以借用。

龍井
綠英
嫩蕊
仙芝
茶末

春水煎茶

张可久（约公元1270~1350年），字小山，祖籍庆元路（今浙江宁波）。元代散曲家，是元曲作品传世最多的一位，共有小令八五五首。所作《人月圆·山中书事》云：『兴亡千古繁华梦，诗眼倦天涯。孔林乔木，吴宫蔓草，楚庙寒鸦。数间茅舍，藏书万卷，投老村家。山中何事？松花酿酒，春水煎茶。』

作者从历史变迁、朝代更迭的动荡中，冀图找寻一条心灵得以慰藉的出路，隐居便成为当时最美好的期望。然而，空想难成现实，尽管『藏书万卷』，到头来『回首天涯』只落得『读书人一声长叹』而已。

唯饮凤髓

元曲作者吴西逸个人资料极少，据统计有小令四十七首传世。所作《殿前欢·懒云窝》中有云：『声名不在渊明下，冷淡生涯。味偏长凤髓茶，梦已随蝴蝶化，身不入麒麟画。莺花厌我。我厌莺花。』凤髓茶是唐宋时期福建名茶。一个『冷淡』人生者，一个什么也没瞧在眼里的隐士，却对名茶倍加喜爱，可见茶对人的吸引力有多大。

素月黄芽

元代武夷茶由时任江浙行省平章政事的高兴创制，并在其献给朝廷后被定为贡品。高兴之子任福建邵武路总管时，创设焙局，筹建了御茶园。另有名品即所谓范殿帅茶，是因降元的南宋殿前副都指挥使范文虎所造而命名。

元代农学家王祯（公元1271~1368年）著有《农书》一部，其中关于茶事的内容多为采录前人。他提到『茶之用有三，曰茗茶、曰末茶、曰蜡茶』。元代蜡茶最贵，于茶饼表面涂饰香膏油，凝结如蜡。他还指出茶『上而王公贵人之所尚，下而小夫贱隶之所不可阙，诚民生日用之所资，国家课利之一助也。』元人有诗云：『玉杵和云春素月，金刀带雨剪黄芽。』

画面取元代《消夏图》笔意。

泉白石茶

倪瓒（公元1301~1374年），字元镇，号云林子，无锡（今属江苏）人。元明间诗人、书画家。

倪瓒嗜茶，有关咏茶绘画作品有《龙门茶屋图》，另有《甘泉桥》诗一首：『松陵第四桥前水，风急犹须贮一瓢。敲火煮茶歌白苎，怒涛翻雪小停桡。』倪瓒在饮茶时搞了一个小发明，他用核桃、松子仁加真粉，捏塑成小块石头状，放置茶碗正中，犹如一块上水石似的。因为不少文人都雅好奇石，特别是倪瓒仿制的白色奇石还可以吃掉，凡是见到的人无不夸赞称奇。有一位原宋朝宗室赵姓者慕名来访，落座后，童子所献之茶，正是云林苦心设计的『泉白石茶』，倪云林很想听到几句赞叹之词，不想这位赵姓客人没觉得有什么奇特，只是巴巴地把这块白石头当成一般小食品吃光了。云林拍案而起大声说：『吾以子为王孙，故出此品。乃略不知风味，真俗物也。』从此，与之断绝来往。当然云林也表现得有些过分，后世好茶者中，确有人对他往茶里加甜食的做法不以为然。

画面参照明代仇英所画《倪瓒像》笔意。

茶不离口

吴宽（公元1435~1504年），字原博，长洲（今江苏苏州）人。明代成化年间会试、廷试均考第一，官至礼部尚书。

吴宽有茶癖。所作《爱茶歌》中云：『堂中无事常煮茶，终日茶杯不离口。当筵侍立惟茶童，入门来谒惟茶友。谢茶有诗学卢仝，煎茶有赋拟黄九。』一首诗不可以在每句中都重复使用同一个字，这一点恐文人都晓得，更何况廷试考第一的人呢？然而，正因此才足以表现吴宽是一个茶不离口、货真价实的『茶癖』。

烹茶童子

许次纾（公元1549~1604年），字然明，钱塘（今浙江杭州）人。明代茶学家所撰《茶疏》中云：『煎茶烧香，总是清事，不妨躬自执劳。然对客谈谐，岂能亲莅，宜教两童司之。器必晨涤，手令时盥，爪可净剔，火宜常宿，量宜饮之时，为举火之候，又当先白主人，然后修事。』古代描绘文人雅集活动中品茗情景的绘画作品，也大都表现有几名小童儿忙着煽火汲水煮茶的场景。

画面仿自明代仇英作品笔意。

茶有余香

王世贞（公元1526~1590年），字元美，太仓（今江苏苏州）人。明代文学家。进士出身，官至刑部尚书。

王世贞性喜茶。所作《解语花·题美人捧茶》中，描写茶事之句有：『中泠乍汲，谷雨初收，宝鼎松声细，柳腰娇倚熏笼畔，斗把碧旗碾试。兰芽玉蕊，勾出清风一缕。』全词主题为咏茶，但也打了个情意绵绵的擦边球。

画面所示为《美人捧茶图》，在古人绘画作品中极为常见。

茶熟香清

屠隆（公元1544~1605年），字长卿，浙江鄞县（今浙江宁波）人，明代文学家、戏曲家。他当县令时常与名士欢宴，改称自己是『仙令』。虽然他才高八斗、学富五车、勤于著作，但终因过于狂放而遭小人忌恨，在礼部郎中任上被罢官。从此过起卖文换米的生涯，所谓：『茶熟香清，有客到门可喜；鸟啼花落，无人亦是悠然。』

屠隆涉及茶事的清言小品还有：『净几明窗，好香苦茗，有时与高衲谈禅。……竹风一阵，飘飏茶灶疏烟；梅月半弯，掩映书窗残雪。真使人心骨俱冷，体气欲仙。』《茶说》则是其众多著作门类中的一部论茶专著。

闵茶朴烈

张岱（公元1597~1680年），号陶庵，山阴（今浙江绍兴）人，晚明大文学家，极好品茗。

当时有位制茶高手叫闵汶水，焙制出一种松萝佳品称作『闵茶』。他所开设的茶馆名曰『乳花斋』。室内挂有明代书画家、鉴赏家、官至礼部尚书的董其昌（公元1555~1636年）题写的匾额。张岱在所著《陶庵梦忆》中记有与闵汶水相关的一段故事：一日，张岱去乳花斋拜访闵汶水不遇，坐等很晚，闵氏才归，原来是个老头。张岱还没来得及说两句话，闵氏转身就走了，又过了许久才回来，说是取刚才遗忘的拐棍去了。闵汶水斜眼看着张岱说：『你怎么还在这儿坐着，有什么事？』张岱说：『不喝上你的茶，我不会走。』老头闻此言，『喜，自起当炉，茶旋煮，速如风雨』。老头又引张岱进了一室，只见『明窗净几，荆溪壶、成宣窑瓷瓯十余种，皆精绝，灯下视茶色，与瓷瓯无别，而香气逼人』。开始老头没有说明是什么茶、用的什么水。又出去沏了一壶茶，再请张岱品尝，张岱赞美道：『香扑烈，味甚浑厚，此春茶耶，向瀹者的是秋采。』闵汶水十分敬佩地说：『我七十岁了，所遇懂茶人，都不如你呀。』

碧沉香泛

冒襄（公元1611~1693年），副榜贡生出身，清廷荐官不授，过着逸民隐居生活。他著作极多，其中论茶的文字有《岕茶汇抄》。

冒襄娶了董小宛（公元1624~1651年）之后，精神生活极为丰富。在饮茶方面，注意总结品评心得，指出：『壶小香不涣散，味不耽迟。……个中之妙，清心自饮，化而裁之，存乎其人。』夫人小宛，亦善茶事，『文火细烟，小鼎长泉，必手自吹涤』。两人经常一起谈茶品茗，冒襄后来回忆往事时说：『每花前月下，静试对尝，碧沉香泛，真如木兰沾露，瑶草临波，备极卢、陆之致。东坡云：「分无玉碗捧蛾眉。」余一生清福，九年占尽，九年折尽矣。』董小宛二十七岁撒手人寰，结束了同冒襄一起贫寒、清雅、恩爱的短暂人生。

绿如碧玉

袁枚（公元1716~1798年），字子才，钱塘（今浙江杭州）人。清代诗人、散文家、文学评论家。进士出身，曾做过多个县的知县、翰林院庶吉士，后退隐。

袁枚十分注重生活质量，很讲究茶事的精美。他说：『尝尽天下之茶，以武夷山顶所生冲开白色者为第一。……其次莫如龙井，清明前者号莲心，太觉味淡，以多用为妙，雨前最好一旗一枪，绿如碧玉。』『随园』原是江宁织造曹寅的故宅，后来破败不堪。袁枚买下后进行装修，不仅长年居住其内享受生活，还任人观览不禁，经常招待高朋饮茶。其所作咏茶诗《谢南浦太守赠雨前茶叶》云：『四银瓶锁碧云英，谷雨旗枪最有名。……嫩绿忍将茗碗试，清香先向齿牙生。』

画面人物参照清代乾隆年间袁枚画像笔意。

杯小怡情

袁枚所作《随园食单》中载有：『杯小如胡桃，壶小如香橼，每斟无一两，上口不忍遽咽，先嗅其香，再试其味，徐徐咀嚼而体贴之，果然清芬扑鼻，舌有余甘，一杯以后，再试一二杯，令人释躁平矜，怡情悦性。』应指工夫茶。所谓工夫茶，指福建大部分地区及广东潮汕地区盛行的品茶风尚。清人所作《工夫茶》一诗有云：『工夫茶转费工夫，啜茗真疑嗜好殊。犹自沾沾夸器具，若琛杯配孟公壶。』工夫茶具有四宝，即孟臣壶、若琛杯、潮汕炉及玉书碨。

画面取清代陈洪绶《品茶图》笔意。

奉茶三变

郑燮（公元1693~1765年），字克柔，号板桥，江苏兴化人，进士出身，『扬州八怪』重要代表人物之一。他做官时两袖清风，因救穷人而被罢官。所以一直口碑很好、受人尊敬，关于他的故事流传下来的很多。

一日，老郑到镇江金山寺游玩，接待他的僧人不认识他，开始很不热情，只说：『坐，茶。』后来观察老郑儒雅不凡，便换了一种口气说：『请坐，泡茶。』等到请教了姓名称谓，才晓得是贵客临门，十二万分热情地说：『请上坐，泡好茶！』大文人到来庙里自然要留其墨宝，于是郑板桥综合僧人待客前后三种不同态度的变化，挥笔立就写成一副对联：『坐、请坐、请上座；茶、泡茶、泡好茶。』

阁上烹茶

郑板桥所作《仪真县江村茶社寄舍弟》，中记有『江村茶社』，可能是当时村中的一个茶馆。在这封给弟弟的信中，郑板桥写道：『江雨初晴，宿烟收尽，……吴、楚诸山，青葱明秀，几欲渡江而来。此时坐水阁上，烹龙凤茶，烧夹剪香，令友人吹笛，作《落梅花》一弄，真是人间仙境也。嗟乎！为文者不当如是乎！一种新鲜秀活之气。宜场屋，利科名，即其人富贵福泽享用，自从容无棘刺。』

这封信中，郑板桥借大自然的优美怡情，来鼓励亲人求学上进，作文章要有新鲜秀活之气蕴。

画面取清代《烹茶煮泉图》笔意。

苦茗一杯

郑板桥曾写有『墨兰数枝宣德纸，苦茗一杯成化窑』之联。

郑板桥的绘画作品中，兰草是他最为擅长的。明宣德年间所遗存的国画用纸因能让水墨五种变化表现得淋漓尽致，而令书画家十分珍爱。明宪宗成化年烧制的茶具可将茶色衬托得更为诱人，故而为人们珍视收藏。郑板桥此联中每一样都是文人所珍之物。

郑板桥认为自己是『千秋不变之人』，这个『不变』不是指艺术上的风格造诣，而是指人生信条，他曾在画上题写：『凡吾画兰、画竹、画石，用以慰天下之劳人，非以供天下之安享人也。』

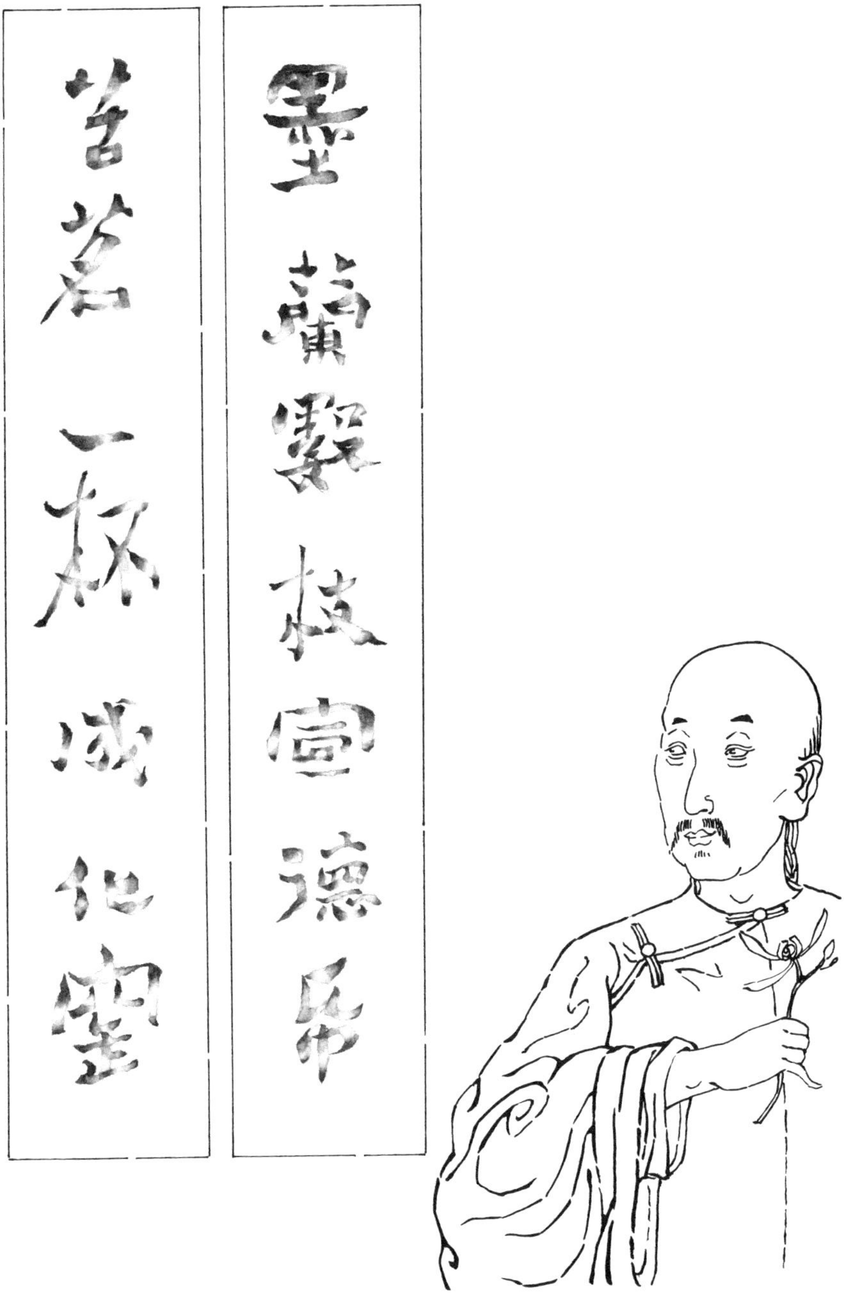

天厨品味

纪昀（公元1724~1805年），字晓岚，直隶献县（今属河北）人，清代学者，进士出身，官至礼部尚书，曾任四库全书馆总纂官。著作有《阅微草堂笔记》等。贬官乌鲁木齐返京后整理作《乌鲁木齐杂记》，其中载有当地所谓『附茶』习俗。

纪晓岚另有长篇《荷露烹茶赋》，其中云：『兹茗碗之闲供，独莲塘之是取。……天厨品味，又新之纪犹遗；中禁传方，鸿渐之经宜补。……瀹心源之意智，夙贵真茶。』

关于铜牙铁齿纪晓岚的故事在民间多有流传。有一则盐案泄密事件似与其有牵连。因他的二女儿是该次调查重点对象的孙媳妇，他不得不援手相救，又为避免嫌疑，便动脑筋想出妙招：把一点儿茶叶与盐放在空信封内封好派人送去，对方接信看时内外全无一字，思索良久才明白，上边要严查亏空，赶紧想办法妥善处置。但终因有人告密使乾隆很生气，将纪发配新疆戍边。

画面纪晓岚形象参照传世写真像笔意。

日日试泉

陈继儒（公元1558~1639年），字仲醇，华亭（今上海松江）人。明代著名文人。喜饮茶并著有《茶董补》，并有摘编他人作品而成的《茶话》传世。

其在所作清言小品《岩栖幽事》中云：『茶不甚精，壶敢不燥，香不甚良，灰也不死；短琴无曲而有弦，长讴无腔而有音。』作为一位知名隐士，他懂得『心劳日拙』的道理，所以遵循的是豁达知足的生活准则，安于现状，退求其次。最有意思的是有时还哼上两句，虽然五音不全常跑调，但喊喊觉得挺痛快就行了。不过也有人说他是假隐士，与官府过从甚密。

陈继儒咏茶诗作《失题》中有云：『山中日日试新泉，君合前身老玉川。石枕月侵蕉叶梦，竹炉风软落花烟。点来直是窥三昧，醒来翻能赋百篇。却笑当年醉乡子，一生虚掷杖头钱』。可见他对茶事的研究还是很到位的。

犀液茶香

清代黄燮清（公元1805~1864年）作《长水竹枝词》五十四首。其中有句：『特地为郎消渴病，秋风新试桂花茶。』自注：『盐水浸桂花泡茶极佳。』另据清吴骞（公元1733~1813年）《桃溪客语》：『俗以桂花初放者，连枝断寸许，咸卤浸之，用以点茶，清香可爱。韩偓诗云：「蜀纸麝煤添笔媚，越瓯犀液发茶香。」犀液即腌桂也。』

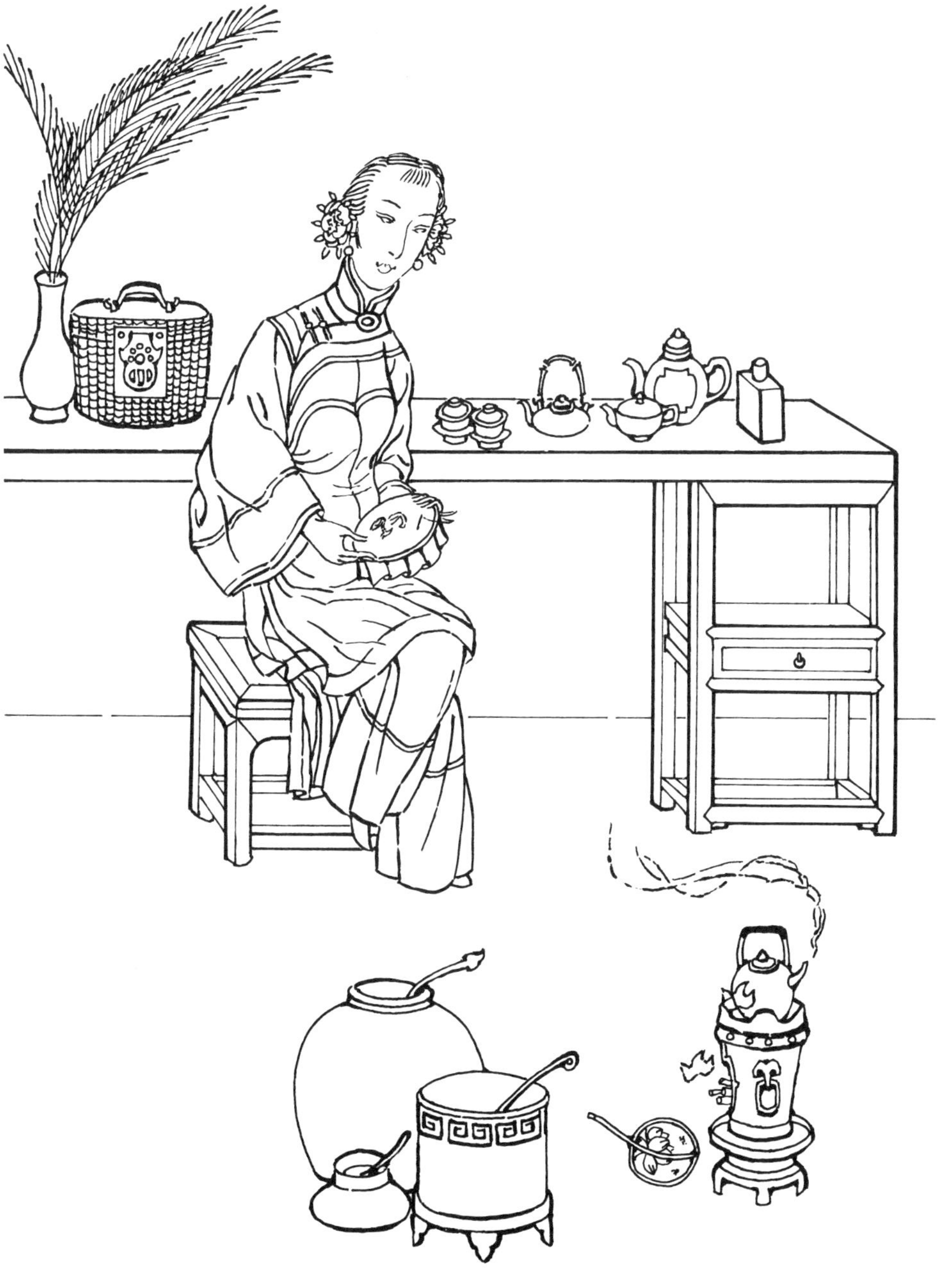

献茶出家

苏东坡喜欢到庙里同高僧品茶谈禅，与他过从甚密的是佛印禅师。其实佛印本不想出家。为什么呢？原来佛印俗家姓谢。因进京赶考与苏东坡结识。老苏觉小谢文学功力不在自己之下，二人相处日久，便成莫逆之交。一日，因天大旱，宋神宗准备到大相国寺祈雨。老苏受命充行礼官主斋，提前到寺安排事宜，小谢听到后，要求老苏带他看看皇帝长啥样。此时寺庙是闲人免进的，老苏想了个好主意，让小谢换装在斋坛上顶名扮作值班的侍者，这样就可以看个够了。不久皇帝驾到，拈香完毕，主持让献茶。小谢因刚才大殿内人多拥挤，没看清皇帝到底长啥样，就主动捧起茶盘走上前来。皇帝此时也看到他了，觉得这小伙儿挺精神，便随口问问经历。小谢回答说：『是新来寺中出家的。』皇帝又问：『了解佛家经典吗？』谢说：『知道。』没想到皇帝听了挺高兴，说：『那我赐你法名了元，号佛印，就在我面前剃发为僧。』这时小谢如果说不想出家，就是违抗圣谕要处死的，只好假戏真做当了佛印和尚。

后来到了哲宗时期，苏东坡觉得因为自己出的主意误使小谢真的出了家，挺对不起的，就劝小谢还俗。一天，佛印到苏府拜访，苏东坡叫人『点将茶来』，再次劝他还俗，甚至使用了美人计，不想佛印真的铁了心，作诗云：『禅心已作沾泥絮，不逐春风上下狂。』

啜茶守法

明人所作拟话本小说《型世言》第十一回描写了这样一段故事：公子陆容丧父后家道贫寒，因学富五车极有文才，被谢家聘为家庭教师。谢家小姐才貌双全，自母亲病故后便主持家务。她对小陆这位帅哥关爱有加，『早晚必取好天池松萝苦茗与他』。有一日，小姐问丫鬟：『先生曾道这茶好么？』丫头说：『这先生好生没趣，有时端起来一口而尽，有时又搁得冰凉。从不知道去看看茶色，闻闻香气，夸一句这茶好喝。』其实小谢不仅懂茶，更懂得作为一个教师，要遵守社会道德标准。当他感到这位小姐对其爱慕不能自持时，决然辞职而去。后来，这家小姐果然同下一任老师离家私奔，最后下场很是凄惨。

翠莲说茶

明代刊行的话本小说集原名《六十家小说》，后称为《清平山堂话本》。『清平山』是刊校者、明代嘉靖年间官至詹事府主簿的洪楩的堂号。该书所收《快嘴李翠莲记》中所描述的李氏日常道白均似快板词，为当时社会环境所不容，认为她患有魔症，导致了她人生的悲剧。

书中写道，公公吩咐教张狼娘子烧中茶吃！那翠莲听得公公讨茶，慌忙走到厨下，涮洗锅儿，煎滚了茶，复到房中，打点各样果子。泡了一盘茶，托至堂前说：『请公公婆婆、伯伯姆姆堂前吃茶。』人到齐后，只见翠莲捧着一盘茶，口中又是一套一套地说起来了：『公吃茶，婆吃茶，伯伯姆姆来吃茶。姑娘小叔若要吃，灶上两碗自去拿。两个拿了慢慢走，泡了手时哭喳喳，此茶唤作阿婆茶，名实虽村趣味佳。两个初煨黄栗子，半抄新炒白芝麻，……两位大人慢慢吃，休得坏了你们牙！』公公听了大怒，让休书一纸把翠莲赶回娘家。娘家人也烦她不愿收留，最后她只得削发为尼。

画面人物取《明刻历代烈女传》笔意。

茶会流香

猜谜共饮

唐寅（公元1470~1524年），字伯虎，苏州府（今属江苏）人。明代画家、文学家。二十九岁参加科考时被兜售考题之人所利用，牵连舞弊案，遭罢黜，从此卖画为生。喜茶事，相关内容的绘画、诗文较多。

民间流传关于唐伯虎的故事很多。话说，唐伯虎与祝枝山两人十分要好，不仅经常一起谈论诗文书画，还都喜欢猜谜拾趣。有一天，祝枝山登门来访，却被唐伯虎拦在门外，说：『我有一个诗谜，每句猜一字，四字联成两句话。猜不着，免进。』随后说道：『言有青山青又青，两人土上看风景，三人牵牛少只角，草木丛中见一人。』祝枝山听罢，笑着走进书房坐在客位之上说道：『茶来。』唐伯虎见已猜出，只得端上香茶一杯。原来谜底为：请坐，奉茶。

奉茶释疑

明人所撰《今古奇观》是从『三言』『二拍』选出的话本集，其第三十三卷《唐解元玩世出奇》，说的是唐伯虎偶见华学士家眷中一名丫鬟冲他一笑，便日思夜想六神无主，决定到华府找她。为此，买了破衣衫，扮成求职的穷书生，改名华安到华府打工，主人华学士问他：『工资要多少？』他说：『不要钱，老爷如果满意，赏房媳妇就行。』此后小唐努力工作，主人很满意，为了留住小唐就准备给他办婚事。小唐心仪的那位小丫鬟名叫秋香，是老夫人四位持事侍女之一。完婚后唐寅向秋香说明真相，二人双双离府而去。不久，华府主人听说唐伯虎很像华安，就找上门来。落座献茶，见小唐拿茶碗的左手同华安一样多出一指，便问：『你是不是华安？』唐寅也不正面作答，又请华学士喝酒。酒喝过，再邀吃晚饭。吃罢饭，重新献茶。直至点起蜡烛转到后堂，才把打扮入时的秋香请出相见。到了这时华府主人才明白了事情的真相。于是也就有了『唐伯虎三笑点秋香』的影视剧故事之底本。

画面取明代《玩古图》笔意。

银瓶注汤

明代小说《金瓶梅》第二十回中写道，西门庆把李瓶儿娶过门后，论定排行为六娘。李瓶儿在与西门庆的妻妾初次见面时，由两个丫头陪着，其中一个叫迎春的抱着银汤瓶，另一个叫绣春的拿着茶盒，一同走来上房奉茶。落座都递上了茶后，李瓶儿走过来给西门庆的大老婆月娘见礼，书中描写她是『插烛也似磕了四个头』。

甜水酽茶

明代小说《金瓶梅》第七十三回中描写了潘金莲找碴儿让人重新烹茶的事。话说潘金莲听完薛尼姑讲佛法后回房休息，不想叫了半天门，丫头秋菊才睡眼惺忪前来开门，被潘金莲大骂一顿，金莲进屋后坐在炕上烤火要茶吃，秋菊连忙倾了一盏茶来，潘金莲道：『好干净手儿，我不吃这陈茶，熬的怪泛汤气。你叫春梅来，叫她另拿小铫儿顿些好甜水茶儿，多着些茶叶，顿的苦艳艳我吃。』春梅忙舀了一小铫子水，坐在火上，使他挝了些炭在火内，须臾就是茶汤。涤盏干净，浓浓的点上去，递与潘金莲。

从这段文字的详细描述，大致可见当时点茶的过程和人们对饮茶的不同习惯和要求。

紫琼讲茶

古典小说《镜花缘》第六十一回中的文字描述说明了作者对于茶史有较深的研究。书中写道，众姐妹来到缘香园中，见丫鬟们都在忙着备茶之事：汲水、煽炉、采茶、洗盏。不多时『将茶烹了上来，众人各取一杯，只见其色比嫩葱还绿，及至入口，清香沁脾』。紫琼说起父亲著有《茶诫》两卷，将来刊印会奉送各位。又说道：『茶即古荼字，就是《尔雅》荼苦槚的『荼』字，《诗经》此字虽多，并非茶类。至荼转茶音，颜师古谓汉时已有此音。后人因荼有两音，故缺一笔为茶，多一笔为荼。……郭璞言「早采为荼，晚采为茗」。《茶经》有一荼、二槚、三蔎、四茗、五荈之称，今都叫作茶。《本草》言：常食去人脂，令人瘦，倘嗜茶太过，莫不百病丛生。』

画面取清代《豪家佚乐图》笔意。

渔家粗茶

清代小说《三侠五义》第九十一回中，渔婆李氏与丈夫夜间打鱼时救下落水的兵部尚书之女牡丹小姐，双方认了干亲。此前珠围翠绕的千金小姐，改着荆钗布裙，成为李氏的干女儿。

忙乱过后，『李氏又寻找茶叶烧了开水，将茶叶放在锅内，然后用瓢和弄个不了。方拿过碗来，擦抹净了，吹开沫子，舀了半碗，擦了碗边，递与牡丹，道：「我儿喝点热水，暖暖寒气。」牡丹见她殷勤，不忍违却，连忙接过来，喝了几口』。

这段文字展现了渔民真挚淳朴的性格，有关渔民煮茶的手法及生活习惯的描写十分真实可信。

缺盏少茶

《歧路灯》第八十三回描写了败落之家备茶待客的窘状。管事对女主人王氏说：『少时有客来，不用备午饭，奶奶只摆出十一二个碟，好待茶。』即叫女佣速到厨下烹茶。王氏面有难色：『哪里有果子呀，现在穷得连茶叶也没有。』管事说：『奶奶取钱，小的速去买茶叶。』王氏说：『现在当一样买一样，哪有余钱！』管事说：『我去赊，回来买一篓中等的茶叶吧。』茶叶买回来后，女佣找来找去说：『一百多个碟子各色各样，怎么都找不到？』王氏说：『家该败时都打碎了，剩下几个也不知道扔到哪里去了。』最后，找出破破烂烂不到三十个，勉强挑出十二个略为完好的，杂七杂八大小不一，倒是汝窑、钧窑、建瓷、景德镇的，总算是凑了一桌，王氏看罢不觉轻轻叹了一口气。

煮茗看花

《桃花扇》是我国古典四大名剧之一，作者是清代孔尚任。孔尚任（公元1648~1718年），字聘之，山东曲阜人。历任国子监博士、户部主事、广东司外郎。《桃花扇》剧本中多次出现描写饮茶的情景和道白，如『焚香煮茗』『酒前茶后』『不少欠分毫茶礼』『鹦鹉呼茶声自巧』等。在第五出《访翠》中，男一号侯朝宗到李贞丽家却没有见到女一号李香君，又奔到暖翠楼，正好见到李贞丽抱着茶壶，领着手捧花瓶的李香君下楼来。剧中李香君唱：『绿杨红杏，点缀新节。』其他人唱：『煮茗看花，可称雅集矣。』

插花艺术也是中国古典文化的重要组成部分。宋代以降的历代美术作品中，对此多有表现。插花与品香令人陶醉。赏花与品茗更显高雅别致。

画面人物取明代《千秋绝艳图》笔意。

茶卤醇香

清代小说《侠女奇缘》中有一段备茶文字很是生动。书中写道，华妈妈从她家中出来，一只手提着一壶滚开的水，怀里又抱着个卤壶，另一只手还掐着一托茶碗茶盘儿走进屋中。公子道：『你就叫你儿媳妇帮个忙不好吗？为什么累得这么，阿哥的妈妈，又忒累的娘模样呢！』她回答说：『是让儿媳送茶来，偏偏这工夫，她孩子醒了赖着让她妈妈抱，我嫌他们费事，还没有我自己拿来爽利呢！』说着便连着倒上茶来。

这一段文字描写平实自然，很接地气儿，是作者对生活注意观察的结果。过去老北京沏茶时，先在放入茶叶的壶中倒一点开水闷一会儿，所得到的就叫茶卤，然后再注满开水。这种做法有利于缩短泡茶时间，保持茶叶清香醇美。

茶会流香

吃茶见仗

《宋代宫廷演义》中涉及茶的故事可谓多矣。这一则说的是，宋仁宗不喜欢由太后指定的郭皇后，而专宠尚美人。每日里两人侍宴专夜，形影不离、如胶似漆，引得皇后羡慕忌妒恨。太后死后，尚美人更是肆无忌惮，不把皇后放在眼中。一日，仁宗与众女饮茶闲聊，尚美人手里拿了一只哥窑茶杯，一面吃茶一面谈笑，说得忘情偶不当心将茶溅在皇后衣服上面，皇后便责备她鲁莽。尚美人不服反与皇后顶撞起来。皇后愤怒已极，也顾不得什么规矩礼仪，遂上前力批尚美人面颊。尚美人到底因对方贵为皇后不敢对打，便哭着向仁宗身后躲闪。仁宗心疼尚美人便极力护着，皇后见状更是惹火，又踮起脚去打尚美人，不想一巴掌抽在皇帝脖子上，划出两道血痕。一时间大殿内闹翻了天，茶宴也只好就此结束。

东瀛讲茶

朱之瑜（公元1600~1682年），字楚屿，晚年号舜水，浙江余姚人。明代诸生，多次授官不就。因抗清失败，复明无望，最后避走日本，先后在长崎、江户地区居住共二十二年之久，一直从事海外教育事业，传授中国传统文化。

对于众多日本官吏及学生提出的各领域中的问题，朱舜水都给予详尽解答，大多采用笔谈形式。画面所示，是他在回答学生小宅生顺所问六十一个问题中有关茶事方面的内容。如问：唐有煎茶诗，宋有点茶诗，煎与点如何区别？又问：『瀹』字是什么意思？再问：六安是什么？他都给出令人满意的答复。这位学生的官职为编修，很受朱老师喜爱。

梁启超赞曰：『舜水之学不行于中国，是中国的不幸。然而行于日本，也算人类之幸了。』

画面朱舜水形象参照日本名古屋德川美术馆藏名古屋藩主德川光友所绘笔意。

禅茶兼修

最澄（公元767~822年），日本佛教天台宗的开山祖师。曾于而立之年以『天台法华宗还学僧』身份到天台山修禅一年，他的师傅曾担任过寺庙茶头工作。最澄归国后，把从中国带回的茶树种种植在京都地区，至今耸立的『日吉茶园之碑』中刻有『此为日本最早茶园』字样。最澄积极推广茶道，并曾为当时日本最高统治者献茶。

画面参照日本兵库一乘寺藏最澄像笔意。

吃茶养生

荣西（公元1142~1215年），日本临济禅宗开山祖师。曾于中国南宋时期两次来中土学禅。其中第二次是在浙江天台山万年寺，居住了四年有余。荣西回国后，将带回的茶树种种植于日本平户地区，至今其遗址上所竖石碑刻有『日本最初之茶树栽培地』字样。荣西于七十四岁高龄著有《吃茶养生记》一部，成为日本茶祖。

画面参照日本所藏高僧荣西像笔意。

茶有十德

唐末有位善茶的人叫刘贞亮（生卒不详），除日常品茗外，在前辈茶学研究的基础上，结合自己的实践体会，归纳出『茶有十德』之说，在更高层次提出『雅心行道』的茶说概念。其所说的茶之十德分别为：以茶散郁气、以茶驱睡气、以茶养生气、以茶除病气、以茶利礼仁、以茶表敬意、以茶尝滋味、以茶养身体、以茶可行道、以茶可雅志。

茶十德

拒饮『清茶』

黄道周（公元1585~1646年），进士出身，历官至武英殿大学士，明代著名学者。为清兵所俘，不降被杀于南京。

清军雄踞辽东攻打锦州之时，塔山失守后，松山被围数月，粮尽援绝，此时副将开门献城，明蓟辽总督洪承畴被俘叛降，并参与对明代臣民进行的劝降活动。据文献记载，降臣洪承畴对黄道周进行劝降时，派侍者跪进茶一杯，黄道周接在手，踌躇未饮，左右恳曰：求用清茶一杯。道周因听『清茶』二字，遂掷杯于地。效法古人保存气节，不食嗟来之食。

以茶公关

与现代人一样，古人也把拜茶作为一种攻关手段。元末明初著名长篇章回小说《水浒传》第七十二回中描写宋江等人混入东京，走进一家茶坊打听到官妓李师师家的去处后，派燕青前去联络，并嘱咐道：『我在此间吃茶等你。』燕青施展手段与李师师见面约定后，返回茶坊向宋江汇报情况。宋江此行其实为招安之事，想经由李师师向皇帝通消息。所以急忙交付茶钱赶去见李师师。坐定后，李师师命人奉茶，并亲手与宋江等人换盏。书中写道：『不必说那盏茶的香味，细欺雀舌，香胜龙涎。』茶罢，收了盏托。宋江正要与李师师搭话，不巧宋徽宗溜出大内，来与李师师幽会。宋江等一干人只好扫兴而归。为了此次公关活动，宋江送给李师师『火炭也似金子两块』共计一百两。

客至备茶

过去，一般世俗认为人生得意之时，无外乎金榜题名、洞房花烛。其实在名儒高士看来，生活中有更让人愉悦的事，如『茶熟香清，有客到门可喜』『呼童煮茶，门临好客』。可见，一面与造访的挚友寒暄，一面扇火备茶，那时精神上是多么满足啊！真个是：若茗平生好，逢客此共斟。

寒月茶香

何时品茶更为高妙？明代诗人所作《月下品茶与黄子安同赋各体》中云：『主人爱佳客，清夜集前池。明月映疏林，微星点高枝。寒炉烹活火，树下相追随。』他认为在寒月星光之下溪水漱鸣、松涛吹拂的环境之中品茗，能使人『耳目爽』『形骸披』『神明彻』『品题传妙辞』。同时代稍晚的一位诗人杜濬也是赞同这一观点的，他在《落木庵同道人啜茗》中写道：『山月照逾淡，松风吹使深。黄鹂知饮惬，枝上送佳音。』其实，文士相似的趣味是不分前朝后代的，早在宋代便有诗人以《夜月如昼与仲退坐松巢煮茶》为题，诗有云：『河淡星欲无，碧展天一幅。……慷慨商声歌，主客俱不俗。』

茶客尚寡

品茶时客人多少为宜呢？古人对此确有讨论。明陈继儒所著《岩栖幽事》中总结出这样一段话：『品茶一人得神，二人得趣，三人得味，七八人是名施茶。』可见品茶人少为佳，这一点似乎与饮酒习俗相反，一人喝酒被称之为『寡酒』『闷酒』。

画面取明代王问《煮茶图》笔意。

过量成厄

品茶使人精神爽快，然而过量甚至强制客人饮茶也不该提倡。话说晋代有位司徒长史王濛，不仅自己爱饮茶水，对请来的宾客让茶也是极度热情，每次不把客人灌饱是不肯罢休的。因此，士大夫们每当接到他的邀请都会面有难色，纷说：『又要有水厄了！』厄者，苦难也。故而饮茶要适度，后人对于唐代著名茶人卢仝连喝七碗的说法也提出过质疑。那么，多少杯茶喝下去最理想呢？曹雪芹在《红楼梦》中借妙玉之口，表述了自己的看法：『岂不闻：「一杯为品，二杯即是解渴的蠢物，三杯便是饮驴了。」』且作为一家之言听之。

品茗赏景

景色越美，茶兴更高。宋代文学家、书画家苏东坡曾表述过这一观点，其在《道者院池上作》中有云：『下马逢佳客，携壶傍小池。清风乱荷叶，细雨出鱼儿。井好能冰齿，茶甘不上眉。归途更萧瑟，真个解催诗。』可以想见，在如此幽静的环境中与高士相聚，阵阵荷香不时随细雨清风飘来，名茶入口沁人肺腑，是何等惬意哉！

泛舟品茗

中国清代著名小说《儒林外史》第四十一回《庄濯江话旧秦淮河　沈琼枝押解江都县》中描写：『南京城里，每年四月半后，秦淮景致渐渐好了。那外江的船，都下掉了楼子，换上凉篷，撑了进来。船舱中间放一张小方金漆桌子，桌上摆着宜兴砂壶，极细的成窑、宣窑的杯子，烹的上好的雨水毛尖茶。……就是走路的人，也买几个钱的毛尖茶，在船上煨了吃，慢慢而行。到天色晚了，每船两盏明角灯，一来一往，映著河里，上下明亮。』作者托明写清，却正好反映出明清两朝茶饮风俗。

画面仿自清代任颐人物画笔意。

洒扫庭除

洁净是茶饮的第一要务。清代传世剧目《风筝误》中描写了一位韩生，自幼父母双亡，靠父亲好友供养读书，韩生为人正派，不近女色。而与其一起长大的主人家独子却不愿读书，每天在外走狗斗鸡、蹴鞠呼卢。他家的后花园破败不堪。韩生见此叫过书童进行修葺打扫，使环境为之一新。韩生又吩咐道：『添些香在炉里，再去烹一壶茶来。』一时间香烟袅袅，清茶浮杯，心绪极佳，便展卷作起诗来。

唐代大诗人白居易在《睡后茶兴忆杨同州》一诗中，也倡导茶具要清洁，诗有云：『此处置绳床，傍边洗茶器。白瓷瓯甚洁，红炉炭方炽。』其实，备茶中洗涤茶器的过程，也使茶人的心态平和，心灵纯净。

夜半暖茶

古典小说《今古奇观》是从明代几部话本小说中精选编辑而成的。其中第七卷《卖油郎独占花魁》描写的是一个以卖油为生的青年，花费辛苦积攒下的十二两银子，想与青楼女子美娘共度良宵。不想美娘陪客归来已酩酊大醉，见面后，又饮酒十杯，不久便和衣酣睡。卖油郎让丫鬟送来一壶浓茶，怕茶凉就把茶壶暖在怀中，坐在床边不敢闭眼。夜半，美娘爬起来呕吐一阵，卖油郎小心收拾过后，连忙又『斟上一瓯香喷喷的热浓茶递与美娘，美娘连吃了二碗』，依然睡下。这位青年为了使自己思慕的美人能喝上一口热茶醒酒，将茶壶揣入怀中，也不失是一种最为环保的保温方式。

壶桶保温

清代尚未实施真空保温技术。关于茶水保温的方式，采用在藤竹编制的茶壶桶内添加棉花等保暖材料，置热茶壶于其中。结构合理，使用方便，保温良好。事例可见《红楼梦》第五十一回的描述。话说宝玉寒夜因口渴醒来，要吃茶。麝月连忙起来，宝玉叫她披上自己的皮袄。麝月『下去向盆内洗手，先倒了一钟温水，拿了大漱盂，宝玉漱了一口，然后才向茶格上取了茶碗，先用温水过了，向暖壶中倒了半碗茶，递与宝玉吃了；自己也漱了一漱，吃了半碗。晴雯笑道：「好妹妹，也赏我一口儿！」』从这一段文字中，不仅可以知晓大户人家饮茶的许多规矩，也可以了解到茶具的功能多样性，茶格用来盛茶碗，暖壶桶起到保温作用。

夏日冰茶

人对于生活的要求是多方面的，茶固然以热饮为宜，然则暑热之际，品冰茶也是很爽的事。

清代文士诗作《冰茶联句》有云：『冰茶昉何年，滥觞志某甲。……炎凉变一霎，……雀舌冻欲含。』可见凉茶之冰爽。

在《清稗类钞》一书中载有古代南方凉茶之品饮习俗：『粤人有于杂物肆中兼售茶者，不设座，过客立而饮之。最多为王大吉凉茶。』此外，还记有『八宝清润凉茶、菊花八宝清润凉茶』之类。

画面仿自宋人《宫沼纳凉图》笔意。

井水镇茶

《红楼梦》中描写人们的日常生活精准入微、包罗万象。对于府中如何制作凉茶也有所描述。在书中第六十四回，宝玉劝袭人不用赶着编扇套结子，说道：『热着了，倒是大事。』正好此时『芳官早托了一杯凉水内新湃的茶来。因宝玉素昔禀赋柔脆，虽暑月不敢用冰，只以新汲井水将茶连壶浸在盆内，不时更换，取其凉意而已』。

又见茶学专家撰文介绍，有少数民族山歌唱道：『只要两人情义好，凉水泡茶慢慢浓。』总之，冷泡茶的制作手法，前人已有多种。

蒙冤茶苦

《红楼梦》第七十七回《俏丫鬟抱屈夭风流　美优伶斩情归水月》中描绘了一个十分悲情的故事。晴雯被赶出府门，只得在亲戚家借住，寄人篱下受尽虐待。宝玉瞒了众人前来探看病中的晴雯。晴雯正发热咳嗽，说：『且把那茶倒半碗我喝。』宝玉忙拭泪问：『茶在哪里？』晴雯道：『那炉台上就是。』宝玉只见『有个砂吊子，却不像个茶壶，只得桌上去拿一个碗，也甚大甚粗，不像个茶碗未到手内，先就闻得油羶之气』。宝玉洗了两次，又拿自己的手绢擦过，还是有股味道。只得倒了半碗，『看时绛红的，也不大成茶』。只听晴雯说：『这就是茶了，那里比得咱们的茶呢！』宝玉尝了尝，『并无茶味，咸涩不堪』。而晴雯接过一气都灌下去，『如得了甘露一般』。宝玉看着，眼中泪水不禁直流下来。作者借助似壶非壶、似茶非茶、咸涩却似甘露的描写，宣泄出对蒙冤人的同情和对世事不平的呐喊。茶饮之中也并非只有优雅与清静，也含有人生的苦涩与无奈。

梅妃斗茶

盛唐时期，明皇李隆基（公元685~762年）也是个爱茶天子，常在宫中举办茶会。据《梅妃传》载，某日，唐明皇与所最宠爱的梅妃在大殿内组织斗茶比赛。经过一番似赛非赛花样表演，梅妃鳌头独占。皇帝为哄妃子开心自然不会计较得失，还兴奋地说：『此梅精也。吹白玉笛，作惊鸿舞，一座光辉。斗茶今又胜吾矣！』梅妃更会来事，燕语莺声，含情脉脉地说：『草木之戏，误胜陛下。设使调和四海，烹饪鼎鼐，万乘自有宪法，贱妾何能较胜负也。』一场不知真假的斗茶比赛，倒似乎使两人情丝缠绵。

道观品茗

后蜀主孟昶（公元919~965年）某日由张娘娘陪同外出，前往青城山登高游玩。行至九天丈人观，于云房内休息，观主李若冲敬上香茶，『后主饮着茶，觉得芳馨异常，看那茶色，却是碧沉沉的与旁的香茗颜色不同。就是盛茗的碗盏也是洁白如玉，光滑赋润，极为可爱。便举着茗碗向李若冲问道：「炼师，这茶是如何煎的，却有这样的芳香？」李若冲回奏道：「贫道这茶，不过是武夷松萝，却用梅花蕊上收下的露水，盛于古瓷坛中，埋在山内，已历多年，今日陛下驾到，方才取出，以松柴煎煮，故此芳香异常。」后主听了不觉大喜道：「炼师有这样的情趣。联今日不啻置身于仙家矣。」』

金朝乳茶

清代有一部称续《金瓶梅》的小说《金屋梦》，其中描写法华庵尼姑福清因策划将被官家抄没的李师师大宅院改建为大殿禅房，充当金朝王爷娘娘的香火院，以此为名求见娘娘。拜见时只见一名宫娥『用金盘捧上酥酪三盏乳茶来，福清问讯了，接茶在手，见有红色油光浮在面上，怕是荤油，通不敢用』。见此情景，娘娘吩咐汉人侍女把自己的解释翻译给三人听：『这是牛乳和茶叶、芝麻三样熬的，不是动荤。』福清尝过之后谢了茶，把来意禀明以后，『一时间又是异样香茶，素果点心，俱是一尺高盘摆在泥金炕桌上』。从以上描述可略知金人饮茶习俗。

千叟茶宴

清高宗乾隆（公元1711~1799年）非常喜欢茶事，不仅自己品香茗题茶诗，为向臣子们示惠联情，也经常在宫内举办茶会，并规定每年元旦后三日宫中演剧赐茶、赋诗纪事。为筹备这项活动，配制出专用茶品——三清茶，诗曰：『何必宣成寻旧器，越窑新样煮三清。』三清茶中添加有梅花、佛手和松子，并以雪水烹用。

清代的几位皇帝均多次举办过宫中千叟宴茶仪，以求上下感情通融。据文献记载，康熙朝某次千叟茶宴参加人数达4240人，其中70岁以上为1823人，80岁以上为538人，90岁以上为33人。可见茶宴规模之大。

千叟宴

吕仙乞茶

有这样一则流传于民间的故事，说的是后周末年，某日，有一个衣服褴褛的乞丐到一家茶馆讨茶喝，掌柜的女儿见状便端茶送给他一碗。并且此后连续一个多月，每天免费供这名乞丐喝茶。气得吝啬的掌柜把女儿打了一顿。然而，善良的她依旧向乞丐每日供茶。白喝茶的乞丐非但没有告谢，反而向她提出非礼要求，说：你能把我的剩茶喝下吗？掌柜的女儿虽有些不快，仍象征性地抿了一口，没想到茶香异常，神清气爽。乞丐对她说道：我便是吕仙人，可保你今后长寿。还随口赋词一首，其末句为『且把阴阳仔细烹』，说罢乘风而去。

茶

白水先生

据文字记载，宋代有位姓冯的文士，喜欢饮茶，且乐于点茶，可谓事必躬亲。有人问他为什么如此热衷茶事？他开玩笑似地说：『对于茶，就像对待美貌女子或古人书画一样珍惜，怎么可以落入他人之手呢！』某日，与一知己谈天说地，因观点接近，彼此越说越起劲儿。一旁的书童刚把洗净的茶具摆在桌上，尚未添加茶品。冯某此时正滔滔不绝、口若悬河，顺手便提瓶冲水。又洋洋得意地请客人品茶，自夸道：『这茶冲泡是要讲究方法的！』客人喝着无茶白水，也只得称好。之后，这位冯文士便得了『白水先生』这个称号。

无茶也罢

茶事是雅事，也是趣事。在茶史上有不少让人忍俊不禁的逸闻。且说明代有位姓陈的进士，累官至太常卿，在当翰林时却得了个奇特的雅号——陈也罢。这是怎么回事呢？原来某日他家中来了贵客，为了摆出一家之主的派头，便对夫人吩咐道：『茶来！』没想到夫人故意冷冷地当着客人的面说：『未煮！』陈翰林倒也没生气，只说了声：『也罢。』过了一刻，他又对夫人说：『取茶叶来！』可是夫人仍未显出丝毫顺从，依然冷冷地说：『没买！』不知陈翰林是心宽仁厚，还是多少有点惧内，连说：『也罢。』在座的客人听到夫妇二人如此对话，不禁笑得前仰后合。从此『陈也罢』的雅号流传开来。

茶水充饥

中国清代著名小说《儒林外史》第四十七回中描写了这样一个故事，有位贩行中介成老爹经常编瞎话说自己有赴不完的饭局，退休太守的儿子小虞就想戏弄他一番。某日，以请饭为名把成老爹骗至宅中，只见虞家上上下下忙忙碌碌正在准备酒席，成老爹端坐厅中只等开饭大吃。此时，小虞雇人假说有方老爷喊成老爹赴宴。成老爹觉得极有面子急忙赶至方老爷家，而方老爷不知他前来有何公干，闲话无趣，只好劝茶数杯。成老爹见方家并无备宴的迹象，又不便询问，只好起身告辞。正午时分肚内饥肠如鼓，成老爹想还是去虞家蹭饭较为保险，待走进虞家客厅，见五六碗滚热肴馔全摆上桌面，主人宾朋正吃得快活。小虞故意说：『成老爹到方家吃了好饭菜，快泡上好消食的陈茶与老爹喝。』家人远远地放上椅子，将那陈茶左一碗右一杯送与他喝。成老爹越喝越饿，又因不好意思解释，只好以茶充饥灌个水饱。

茶有异味

《清宫秘史》第五十九回中，描写与皇后争宠的静妃所生道光的五皇子奕誴小时不爱读书，无法无天。经常干出格的事儿，比如上课时却爬上正大光明殿藏起来，犯了大不敬的罪过，皇子的老师徐师傅不得不打他手板以示惩戒。然而他毫无改过之意，还伺机报复师傅。徐师傅身体较胖，讲书时爱出汗口渴，要不断拿起桌上的茶碗饮茶。亦誴眉头一皱计上心来，拿了一只同样的茶碗走出殿外，一会又悄悄进来把茶碗原样换好。徐师傅尚未觉察，待口渴时端碗便喝，却一口又吐了出来，十分生气地问：『是谁干的坏事？』亦誴被四皇子揭发后仍极力抵赖。正巧道光皇帝迈步进殿询问发生何事，徐师傅奏道：『五阿哥赐臣茶一杯，颇有异味，请陛下一闻便知。』道光皇帝判明缘由，气得拔刀要砍亦誴。还是徐师傅怕得罪静妃急忙下跪求情，改为打板处罚。

浓茶兑水

中国古典著作《官场现形记》被称为明清时期五大奇书之一。在书中第十九回《重正途宦海尚科名 讲理学官场崇节俭》中，描写一位新到任的老官僚，虽然刚刚以副钦差身份收了赃银，却以道学家自命，表面上装得十二分清廉。一到任上就贴出告示，要『力祛积弊』，查办操守不廉、奢侈无度的官吏。公堂上办公时，身穿布袍，上面的补子也是画上去的。朝珠是木头的，头上戴的是旧帽，帽缨都退了色。脚上蹬一双破官靴。某日，各官进去打躬归座，左右伺候的人，身上都是打补丁的。端上茶来，他揭开盖子一看，就骂茶房糟蹋茶叶，说道：『我怎样嘱咐过，每天只要一把茶叶，浓浓地泡上一碗，等到客来，先冲一碗开水，再镶一点茶滷子，不就结了吗！如今一碗茶要一把叶子，照这样子，只怕喝茶要喝穷了人家，真是岂有此理！』对于假道学家的饮茶法，下级官吏们也是哭笑不得。

清廉

抱壶抢茶

清代小说《儿女英雄传》的第四回中描写安公子住宿悦来老店，跑堂儿的提了开水壶来泡茶，公子自己倒了一碗放在桌上凉着。耳听店内外一片嘈杂，说书唱曲儿的，叫卖杂货吃食的，呼吆喝六赌钱的，使公子觉得十分烦闷。突然闯进两名女子，脸上涂得像是和了泥的铅粉，嘴上周围一圈胭脂，紧身衣服也是油脂模糊。进屋不容分说，坐下就弹唱艳曲俗调，刚唱两句，公子立马叫停。女子却说：『已开唱就得给钱。』公子急忙拿出一吊钱，正要数出几十给她们，不想被一把抢过去，还说不够。公子只好又付她们百文。两人收钱分账后，岁数大一点的女子把公子凉在桌上的茶水端起来一饮而尽。小一些的女子则抱起茶壶，嘴对壶嘴灌了一肚子，才撅着屁股扭搭扭搭走出门去。这是作者通过对社会生活的细微观察，真实记录了生活在低层的人的饮茶样态。

茶棚观擂

中国古代评话小说《施公案》第三百四十八回中描写黄天霸等人来到擂场，在茶棚内坐下。一会儿，县令上了台，在东厢坐稳，有人献上茶点；守备在西厢入座，也有人献上茶点。只见台主曹某把罩袍用手一提，飞身跳上台面，又听人们哄传：小姐来了。众止观瞧，小姐长得柳眉杏眼、粉面桃腮，也是轻轻飞登台上，坐下后有丫鬟奉上香茶。曹某站立擂台中央，抱着拱手说明打擂招亲事由及比武规则后，便有人急跳上台，打擂由此开始。

为彰显古代侠义公案小说的特点，画面采用版刻绣像的传统造型手法。

英雌本色

伉俪品茗

李清照与赵明诚这一对伉俪是十分令人羡慕的，两人爱好相同，又各有特长。赵专注金石书画，著有《金石录》。李被赞为『乐府擅场，一时无二』。据说在择妇之夜，赵明诚做了一个梦，醒来只记得三句诗，包含着『词女之夫』的意思。

香茗一直伴随着他们婚后的生活，正如李清照词云：『嘲辞斗诡辩，活火分新茶。』清代杂剧《四婵娟》中《李易安斗茗话幽情》即为其写照。

然而丈夫公务在身，常须负笈远行，聚少离多，相思多于厮守。二人殊不忍别，李清照词中记录了这种别离之情：『一种相思，两处闲愁。此情无计可消除，才下眉头，又上心头。』

画面所示，为李清照端茶为丈夫践行，流露出『恩爱方深奈别离』之情。

锡瓶银针

银针茶有南北两路之别。湖南君山银针茶为我国十大名茶之一，曾获国际莱比锡博览会金奖。其色香味三绝，很早即为朝廷贡品。有故事称之为『白鹤泉水泡黄翎毛』，指其于杯中可上升、下沉、悬立的特征。《儒林外史》第五十三回《来宾楼灯花惊梦》中写道，陈四老爷到花楼来见相貌出众的聘娘，酒饭后到聘娘房内，闻见香气异常。『房中间放着一个大铜火盆，烧着通红的炭，顿着铜铫，煨着雨水，聘娘用纤手在锡瓶内撮出银针茶来，安放在宜兴壶里，冲了水，递与四老爷』。这段文字虽短，但完整地再现了明清时期一套茶具及其使用方式。

三合其美

晚清谴责小说《老残游记》第九回《一客吟诗负手面壁 三人品茗促膝谈心》中描写申某深夜借宿山村民家，饭后，主人家的女儿进屋吩咐苍头送上茶水。申某见她眉似春山，眼如秋水，两腮如帛裹朱白里透红。苍头递茶，只见『两个旧瓷茶碗，淡绿色的茶，才放在桌上，清香已经扑鼻』。申某『端起茶碗，呷了一口，觉得清爽异常，咽下喉去，觉得一直清到胃脘里，那舌根左右，津液汩汩价翻上来，又香又甜，连喝两口，似乎那香气又从口中反窜到鼻子上去，说不出来的好受』。问道：『这是什么茶？为何这么好吃？』女子道：『茶叶也无甚出奇，不过本山上出的野茶，所以味是厚的。却亏了这水，是汲的东山顶上的泉。泉水的味，愈高处愈美。又是用松花作柴，砂瓶煎的，三合其美，所以好了。』又说：『尊处吃的都是外间卖的茶叶，无非种茶，其味必薄；又加以水火俱不得法，味道自然差的。』此时见申某碗内茶已将尽，就伸手执壶代为斟满。申某亦端起茶来再次品味。

书中所述申某饮茶的感受，想来也是作者本人平日品茗的心得吧。

佐茶干点

古人在茶坊喝茶，伙计会送上佐茶的干果小吃。这在中国古典小说中多有涉及，例如《儒林外史》第二十八回中描述因准备花些银子刻一部书的公子与刚刚结识的、答应可以合选文章的里手以及刻字店的中介聚在一起吃饭。饭后，找到一家僧舍以便商谈刻书之事。僧人见有客前来，『一脸都是笑，请三位厅上坐，便煨出新鲜茶来，摆上九个茶盘，上好的蜜橙糕，核桃酥奉过来与三位吃』。谈好房钱后，僧人『又换上茶来』，陪着闲话。另见本书第二回中亦有表述：『和尚捧出茶盘——云片糕、红枣和些瓜子、豆腐干、栗子、杂色糖，摆了两桌，……斟上茶来。』

待茶改诗

话说某日，苏东坡任满返京，到王府求见宰相王安石，准备开展公关活动，以改变宰相对自己恃才傲物的不良印象。府上掌书房见是苏东坡，便说：『请至外书房待茶。』随后命童儿去烹茶伺候。苏东坡落座之后，用目观看房中陈设。忽见书案上砚下压一张王安石的未完诗稿：『西风昨夜过园林，吹落黄花满地金。』东坡读罢摇了摇头，认为菊花傲霜，只枯不落。提笔写道：『秋花不比春花落，说与诗人仔细吟。』然后十分自信地出府而去。事后，王安石见东坡随意改诗，坏习惯依然，便将其贬到黄州府去当个小小团练副使。这又是为什么呢？原来王安石是想告诫东坡：不要自以为是，世界之大，有许多我们尚未了解的知识。黄州府的菊花在秋风之中是要落英的。

浮铺点茶

宋吴自牧所著《梦粱录》提到饮茶之事谓之：『人家每日不可缺者，柴米油盐酱醋茶。』此即是后人常说的开门七件事。据该书记载：『今之茶肆，列花架，安顿奇松、异桧等物于其上，装饰店面、敲打响盏歌卖，止用瓷盏漆托供卖，则无银盂物也。』到了夜晚更是热闹，『于大街有车担设浮铺，点茶汤以便游观之人』。至于『巷陌街坊，自有提茶瓶沿门点茶，或朔望日，如遇吉凶二事，点送邻里茶水，倩其往来传语耳』。书中还记载，『又有一等街司衙兵百司人，以茶水点送门面铺席』，对工商业者进行敲诈钱财活动。就连和尚道士也以茶水沿门点送，求其乐善好施之名。

茶
茶

游售点茶

宋朝以降，茶肆渐多，小本经营的、推车挑担设『浮铺点茶汤』的个体户亦相应出现。这对于闲逛及赶路之人十分便利，可不必进入茶坊，只立饮即可润喉。为求生计，他们之间竞争也很激烈。从宋代画家所作《茗园赌市图》中可见，从事这一行业的人很多，其中有的茶担设备齐全，有的相对简陋，这自然与每日获利多少相关。本画面仿自上述画作笔意，再现了一位宋代妇女为求生度日，不得不抛头露面，携带幼子，靠手提点茶器具游走赌市之内。凡生意红火之处，早为旁人占据，一个身单力薄的妇女如何营生，其艰难之日可想而知。清代有人作《卖茶娘》诗，其中描写了卖茶娘的艰难生活和屈辱：『茶苦不如侬命苦！……汲得寒泉愁照我。罡风吹风化寒号，得过且过随坎坷……谁家富儿太龌龊，德色问人酬百钱！』

发迹于茶

明代小说《西湖二集》第四卷中，说的是明朝初年，太祖朱元璋任用贤能，某日至国子监，一厨子献茶，言语周道谨慎，讨得朱元璋喜欢，赐其五品冠带。消息传开，有个老书生听到『贱役』都做了五品，大发牢骚：『俺一生读书，辛苦数十年，反不如这个厨子一盏茶发迹得快。早知如此，俺不免也去做个厨子，侥幸得个官儿，亦未可知！』不禁酸酸地吟出：『十载寒窗下，何如一盏茶。』不久，此诗传到朱元璋耳中。有次私访时，在茶肆遇到这位白衣老秀士，随口劝道：『他才不如你，你命不如他。』老书生闻之，遂叹息数声而去。

茶肆私访

明代话本小说集《喻世明言》第十一卷《赵伯升茶肆遇仁宗》中描写宋仁宗朝，饱学之士赵旭应举三场，考下来把握十足，便与友人在茶坊中品茶聚会等待发榜。且说某日早朝，仁宗询问谁得榜首？当他阅罢赵旭试卷后说：『文章虽行，惜「唯」字把偏旁写成「厶」了。』于是传旨召赵旭殿前问话，说起写错偏旁的事。赵旭再三解释：『写法可以通用。』仁宗随手在纸上写了八个字：『单单、去吉、吴矣、吕台』，让赵旭解释可否通用。赵旭一时无语，仁宗摆了摆手说：『回去好好读书去吧！』友人为安慰落魄的赵旭，约他到茶坊吃茶解闷，其间赵旭题词于壁上：『唯字曾差，功名落地，天公误我平生志。』从此赵秀士孤身旅邸，生活无着，只得卖字为生。

某日，仁宗扮作文士私行访查。行至一家茶坊，仁宗对便装陪同的太监说：『可以吃杯茶去。』进屋后，仁宗见墙上题词落款是赵旭，便叫来茶博士问明赵旭近日行踪，低声对太监说道：『朕怪他有一字差误，却不肯认错，黜而不用，不期流落于此。』于是吩咐茶博士到外边找寻赵旭，不料寻他不着。仁宗说：『多坐一会儿，再点茶来。』茶博士再次外出寻觅未果，仁宗只得交算茶钱，起身离座。忽听茶博士说：『外边那个穿破衣褴衫的来者便是赵旭。』见面过后，仁宗故意问赵旭近况如何，赵旭说：『命薄下第，羞归故里。自己考究不精，自取其咎，非圣天子之过也。』仁宗听他认了错，便说：『明日我修书一封给你，你返回家乡，交一位地方官，日后叫你发迹。』不久，赵旭果然被任命为西川五十四州都制置。

茶清似水

中国清代小说《二十年目睹之怪现状》第六回中描写，城内闲人天天早起『必到茶馆里去泡上茶，坐过半天。京城里小茶馆泡茶，只要两个京钱，要是自己带了茶叶去呢，只要一个京钱就够了』。某日，一位茶客『进来泡茶，却是自己带的茶叶，打开了纸包，把茶叶尽情放在碗里』。茶馆伙计看了说：『茶叶怕太少了吧！』那人哼了一声道：『你哪里懂得！我这个是大西洋红毛法兰西来的上好龙井茶，只要这么三四片就够了。要是多泡了几片，要闹到成年不想喝茶呢！』有同座茶客很奇怪，过来看了看『他那茶碗里间，飘着三四片茶叶，就是平常吃的香片，那一碗泡茶的水莫说没有红色，连黄也不曾黄一黄，竟是一碗白冷冷的开水』。

茶客穷相

清末泡茶馆的人中有些生活已十分落魄，但仍好面子装阔。早点花两个京钱，买上一个烧饼就着茶水，要吃上一个多时辰方才吃完。忽然又伸出一个指头，蘸些口水在桌上划来划去，再蘸再划，别人还以为他在练大字呢。实际上是吃烧饼时虽然加倍小心，也不免掉些芝麻在桌上，想用舌舐又怕失了架子，所以假装写字，把芝麻沾在手指头上吃掉。一会儿又见他啪的一声把桌子狠拍一下子继续练字，旁人以为他下笔有什么心得。其实是发现有两粒芝麻掉在桌缝内弄不出来，只好用力拍桌震跳芝麻才可吃到。

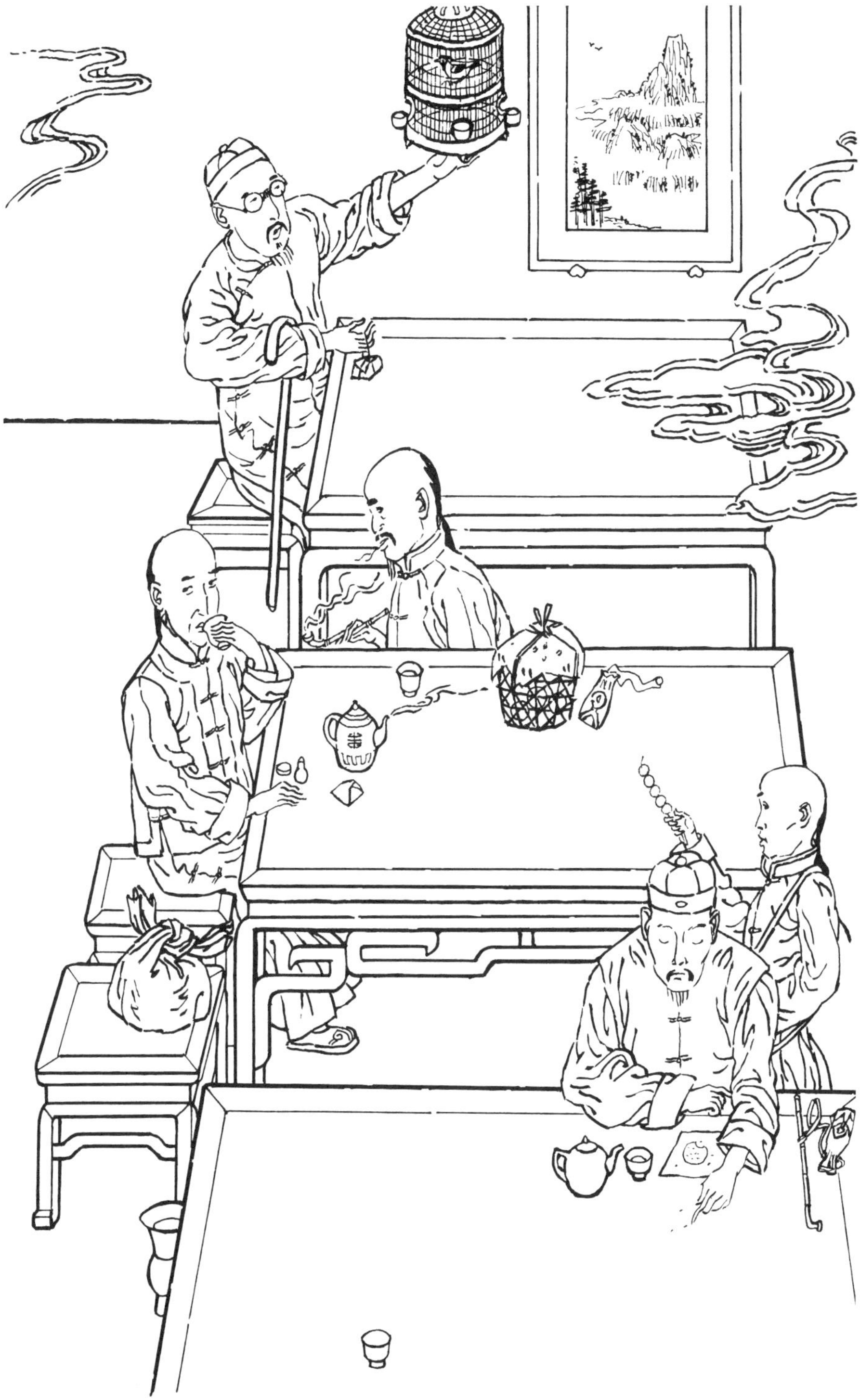

茶食小品

中国明代话本小说集《喻世明言》中描写有一家小小的茶坊，某日，一位头戴高样大桶子帽的客官走了进来。入座之后，『开茶坊的王二拿着茶盏，进前唱喏奉茶』。那客人接茶吃罢，望见一个托个盘儿，口中叫卖鹌鹑馉饳儿（注：古代一种面制食品）的走进门来。那客官把手打招呼叫道：『买馉饳儿。』那小贩见叫，托着盘儿过来，放稳在桌上，拿起一根篾黄穿上馉饳儿，捏撒些盐末，放在茶客面前道：『官人，吃馉饳儿。』可见，古代茶馆里有串座卖茶食、果品的游商。在《金瓶梅》第二回中，也提到此种面食小品，西门庆说过一句话：『敢是卖馉饳儿的李三娘子？』

王婆茶局

《金瓶梅》第三回中描写王婆子『在茶局里整理茶锅，张见西门庆踅过几遍，奔入茶局子水帘下』，盯着潘金莲家里望，却『只顾在茶局子内扇火，不出来问茶』。西门庆叫道：『干娘，点两杯茶来我吃。』王婆子把西门庆让至屋内，『不多时便浓浓点两盏稠茶，放在桌子上』。西门庆邀王婆子陪茶，王婆子道：『我不是你影射的，如何陪你吃茶？』茶罢起身，西门庆出门后在潘金莲家门口转了七八遍，又折回王婆子屋内，拿出一两银子道：『权且收了做茶钱。』

在这一回的文字中涉及茶坊出售的饮品有：多加酸味的梅汤、『放甜些』的和合汤、胡桃松子泡茶等。多少也含有与故事情节相关的意味。

茶坊

茶坊博局

清代嘉道年间有部小说《风月梦》，在其第二回《袁友英茶坊逢旧友 吴耕雨教场说新闻》目次中，描写几位官宦子弟在茶馆内喝茶闲话。只见有个拿着跌博篮子的人走了过来。那篮子内是些五彩淡描瓷器、扇套、烟盒等物，哄着公子们赌博中彩。于是衣着光鲜、两淮候补的公子离座，在那篮子内拣了四个五彩人物细瓷茶碗，讲定三百八十文一回。将那人递过来当作骰子的开元铜钱连掷了五次，结果手气不佳，输了三次，没能赢得那五彩人物细瓷茶碗。吃茶已毕，自有常至此饮茶的公子关照跑堂写账，众人便出了茶馆道别散去。

古代茶楼酒肆中，这种以赌博中彩为名的骗人勾当屡见不鲜，影响后世。还有的小说中描写玩杂耍的，用细瓷茶碗在漆茶盘上掀开、盖上，依次变出官帽的等级顶子，称为『步步高升』。

品茶之旅

《儒林外史》第十四回中多处描写当时街面及旅游景点中茶馆茶店及茶客吃茶的景况。穷书生马二到西湖闲走，见士女游人如织，到处『卖茶的红炭满炉』。他『步出钱塘门，在茶亭里吃了几碗茶』。走出湖边一座牌楼后，在面店『间壁一个茶室吃了一碗茶，买了两个钱处片嚼嚼』，路过板桥，来到一座楼台门口，『也是一个茶室，吃了一碗茶』。参观了里间的摆设后，仍然『在茶桌子边坐下』，闲望。起身后，看过了雷峰塔，又坐在一家挂有『南屏』两字招幌的茶亭内吃了一碗茶。『柜上摆着许多碟子，装着橘饼、芝麻糖、粽子、烧饼、处片、黑枣、煮栗子』，马二略买一些果腹充饥。虽说穷书生为省钱穷逛一天，少吃多喝却也兴致不减。第二天又到城隍山游逛，见一座大庙门前有卖茶的，便『吃了一碗』。步行至一条大街，两旁林立出卖各色吃食的店面，几座大庙门口都摆着茶桌。边走边数卖茶的摊户，起码三十多处，热闹非凡。忽见『茶铺子里一个油头粉面的女人招呼他吃茶』，惊得书生连忙走开。『到间壁一个茶室泡了一碗茶』，又买了几个钱的蓑衣饼充饥。欣赏过远处钱塘江景色后，望见一座大庙门前摆着茶桌子卖茶，『且坐吃茶』。『吃了两碗茶』后已觉饥饿，便又买了烫面饼，『就在茶桌子上尽兴一吃』。

通过作者花费大量笔墨不厌其详地描述，可见当时社会饮茶风气之盛。

南屏
茶
茶

文士卖茶

且说清代有位文士，每日里只喜欢舞文弄墨，不屑与俗气的土豪们来往。因不善理财，家道中落，只得卖掉房产，在僻静小巷内找了两间房子开个茶馆谋生。外间摆了几张茶桌，后檐支了个茶炉，安一副柜台，放两口水缸贮满了雨水。清早起来扇着了火，把水壶坐在炉上。柜台上还放好一瓶鲜花和几本没有舍得卖掉的古书。收拾已毕，依然坐在柜台前读诗观画。有人进屋要茶，他便丢下书本，泡茶添水侍候茶客。因利钱有限，一壶茶只赚得一个钱，每日只卖得五六十壶茶，只赚得五六十个钱。除去柴米，所剩无几。

『总茶』白喝

中国清末民初武侠小说《小五义》第六十四回《黄花镇小五义聚会 全珍馆众英雄相逢》中，描写了饭馆供茶的情况。且说山西雁徐良等人来到黄花镇口，徐良指着道旁一家大饮馆道：『这里有座饭馆，字号是『全珍馆』，门口有长条桌子、长条板凳。』开路鬼乔宾叫道：『咱们在此吃会子酒吧，肚内觉得饿了！』兄弟几人走上前去，只见饭馆『迎着门摆着个三角架子，上头搭着块木板，板上搭着个帘子，帘子上摆着馒头、面、粽儿、包子、花卷』。『并且那边靠着门旁有个绿瓷缸子，上头搭着块木板，板上有几个粗碗，缸内是茶。里面人吃饭喝茶走了，把茶叶倒在缸里，兑上许多开水，其名叫总茶。每有苦人在外头吃东西，就喝缸内的总茶，白喝不用给钱。

珍
館

行旅有茶

清代小说《儿女英雄传》第五回《小侠女重义更原情　怯书生避难翻遭祸》中，描写一位公子在山中赶路时，因驾车的骡子受惊狂奔而去，只得步行追赶。忽见眼前有一座破败的古庙，却在『角门墙上挂着一个木牌，上写：本庙安寓过往行客』。『挨门一棵树下放着一张桌子、一条板凳，桌上晾着几碗茶、一个钱笸箩，树上挂着一口钟，一个老和尚在这里坐着，卖茶化缘』。

本书中还有在旅店中备茶的相关描述。『众家人服侍老爷下了车，进店房坐下，大家便忙着铺马褥子、解碗包、拿铜旋子、预备老爷擦脸喝茶』。跑堂儿的见是大官派头，只提了壶开水在门外侯着。

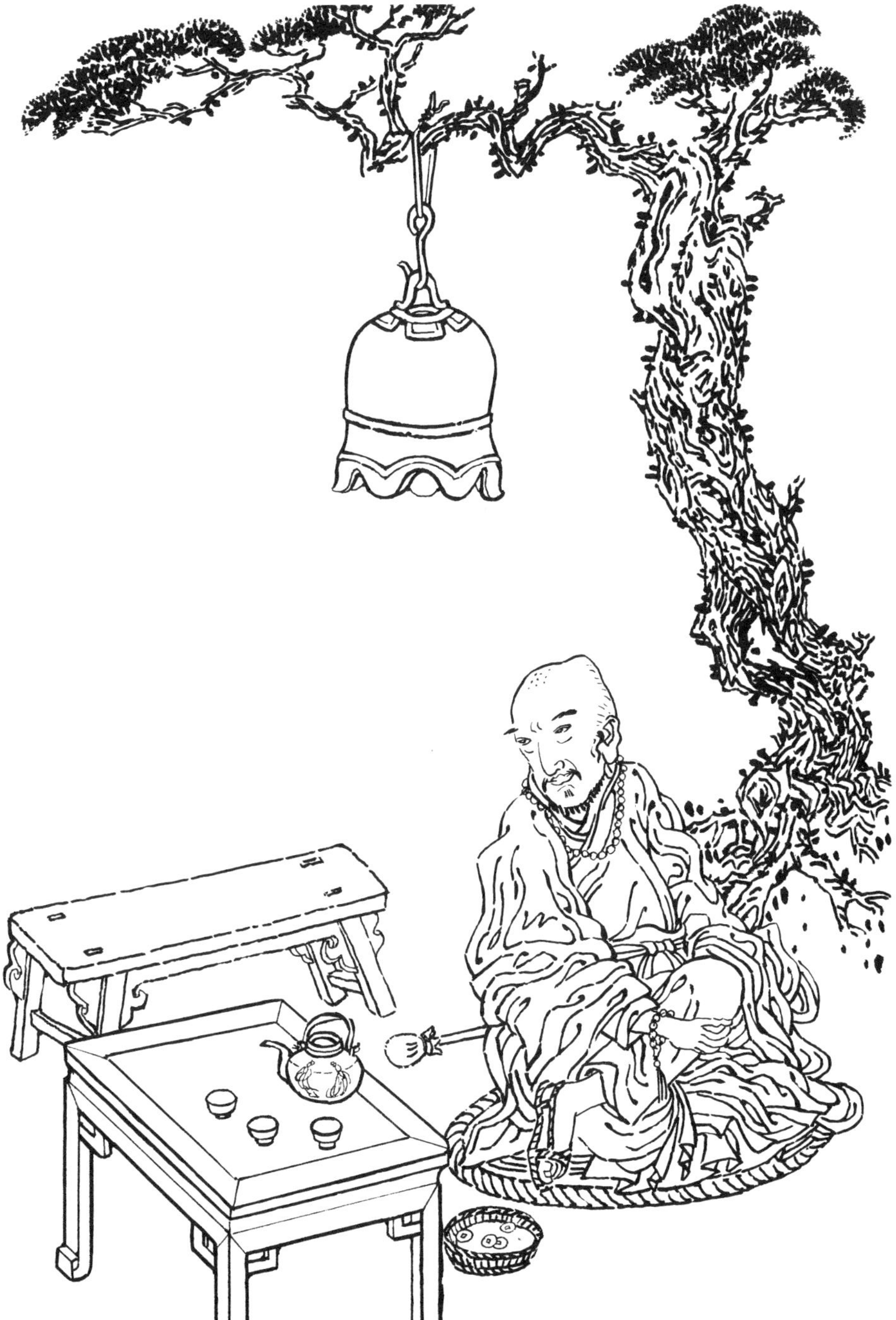

购茶登舟

清代小说《风月楼》第四回中描写了几个官宦子弟先后来到茶肆聚会，跑堂儿及时为客人泡了盖碗香茶。闲话过后，一起走至河边，上了租来的一只船。有一个船家同跟公子来的小厮说道：『二爷，我们装差不管茶水，回声少爷可要买茶叶、炭、下午？』小厮进舱回了少爷，吩咐把了几百钱与船家去买了所需。可知当时租用这类船，茶水并不免费提供。

在这部书中多次描写当时人们办事会客，都喜欢外出找个茶馆坐谈。诸如去『方来茶馆』『冷园茶馆』『抱山茶馆』等。

说起古代的茶馆店名，也是千奇百怪的。例如『朱骷髅茶坊』『黄尖嘴蹴球茶坊』（大约与今日球迷聚在一起观看、谈论足球大赛的活动场所类似）。甚至还有更夸张的，叫作『一窟鬼茶坊』，真是太有点任性了。

茶摊聊斋

蒲松龄（公元1640~1715年），字留仙，淄川（今属山东淄博）人，清代文学家。《聊斋志异》为其代表作。作为一个清贫文士，其怀才不遇之孤愤心结在作品中得以宣泄。书中不少故事来自民间，他收集素材的方法很接地气。在村旁道口摆出茶摊，通过与前来饮茶的父老兄弟及过往客人闲谈，引出各地民间流传的精彩故事。而且，若茶客所讲故事生动传神，则免费供茶。

茶会流香

茶酒对联

清代乾隆年间有位姓叶的广东名士，诗文书法俱佳，经常有人找上门来求其撰写对联。某日，有家卖茶酒的小铺掌柜因买卖冷清，几近歇业，恳请叶某帮忙想些办法，以便盘活生意。听掌柜说明来意，叶某沉思片刻，提笔写下一副对联：『为人忙，为己忙，忙里偷闲，吃杯茶去；谋食苦，谋衣苦，苦中取乐，拿壶酒来。』掌柜半信半疑回到店中，把对联贴了出去。没想到此后来他店中品饮的客人逐日增多，生意越来越红火。叶名士出于同情之心所撰写的对联，使客人读罢，感到此店之贴心，不由得迈步进店消费。

据传，叶某还为一家免费供应的路边茶店，撰写过一副对联：『来不招，去不辞，礼谊不拘方便地；烟自奉，茶自酌，悠闲自得大罗天。』

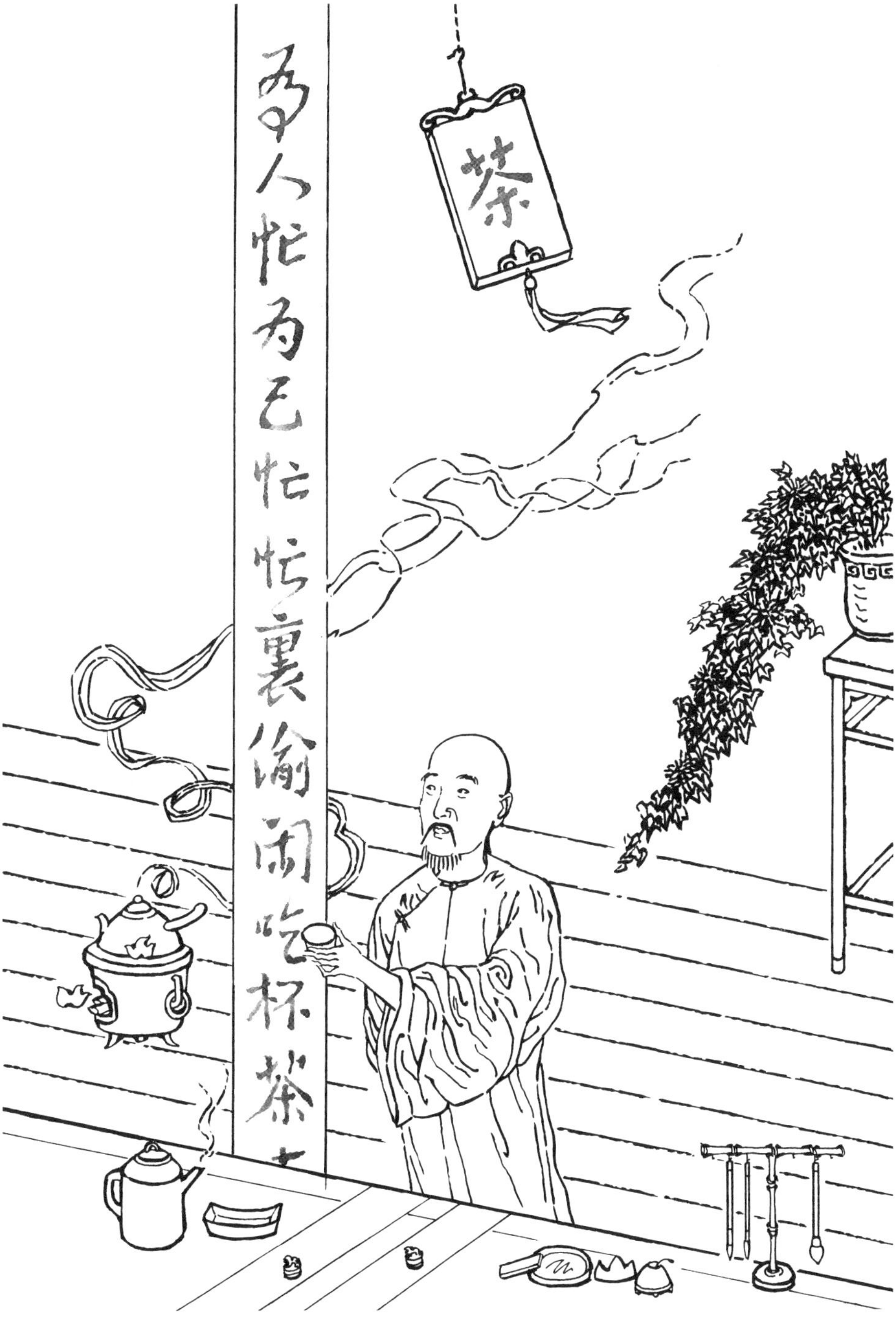
为人忙为己忙忙裏偷闲吃杯茶
茶

戏园瀹茗

过去，人们走进剧场不是看戏而是听戏，以听为主边听边饮茶，以此作为休闲活动。有些戏园子设置八仙桌以放茶具，大多数是在长条椅前，加窄长茶桌或在前排靠背后面设铁圈、横板等以置茶具。听戏客人入座后，便有茶房上前提壶泡茶。有的客人讲究茶叶品质或图省钱的均自备小包茶叶，茶房冲水后，随手把包茶叶的纸折起缠在茶壶嘴上，以便收费时加以区别。

神农辨茶

民间流传辨茶、饮茶之鼻祖为神农氏。据说他的肚子是透明的，可以见到食物在腹中的变化，以定是否可食。某日，因误食相克的食物，肚子里产生变化很不舒服。正巧闻到来自一种树上叶子散发出的清香，于是摘下来咀嚼，感到神清气爽、五脏通畅。于是建议众人摘采此树之嫩芽，煮汁饮用，达到解毒治病的作用。

画面所示神农氏形象仿自明代山东布政司版《农书》插图笔意。

擂茶秘方

传说三国时期，蜀主刘备的三弟张飞率兵至湖南常德地区时，正值酷暑，加之潮湿和瘴气，兵士水土不服病倒了很多，战斗力受到极大影响，主将张飞却无计可施。此时有村野郎中抱怀悬壶济世之心，献上能起祛邪排毒作用的秘方——擂茶，也称三生汤。擂茶中有和胃健脾的生米、排毒祛寒的生姜与含药性的生茶。将三生放入擂钵中研成粉状加水煮沸热饮，起到很好的治疗作用。

画面张飞形象仿南薰殿历代名臣像笔意。

辛苦制茶

『渡涧穿云采茶去，日午归来不满筐』。青茶采摘后，经过日晒使之萎凋，后以或蒸或炒的方式进行杀青。『蒸茗气从茅舍出』，或是『新茶已上焙』。然后对新茶采取揉捻成条，『鼎中笼上炉火温，心闲手敏工夫细』。再经过拣梗、筛分、风选、覆火、拼摊等等步骤，方成可饮之茶流入市场。『笼盛贩与湖南商』，最终才到了消费者手中，『玉腕熏炉香茗冽，可怜不是采茶娘』。

茶农喊山

喊山是武夷山茶农的一种农事风俗，盛行于唐宋两朝。每年惊蛰节气，湖常两州太守亲至境会亭，举行上香祭祀涌金泉。祭祀仪式一结束则击鼓鸣金，喊山正式开始。包括茶农山民一千人等高声大喊：『茶发芽啊！』边走边喊，载歌载舞，十分热闹。文人雅士如果亲临其境，也会提笔赋词，以作览胜之文如『万人争啖春山摧』『喊山鹿蔌社前摘，出焙新香麦粒光』『想见春来啖动山，雨前收得几篮还』。此种喊山活动延至明清两朝。

仙人掌茶

李白（公元701~762年），字太白，祖籍今甘肃天水，生于碎叶（今吉尔吉斯斯坦共和国托克马克城），后举家迁至今四川江油。曾官为供奉翰林，后获罪流放、生活困苦漂泊。在其诗作中酒多于茶。然而，仅《答族侄僧中孚赠玉泉仙人掌茶》一诗传世后，就使得湖北当阳玉泉山所产仙人掌茶成为名品而流传千年。该诗《小序》云：『余闻荆州玉泉寺近清溪诸山，山洞往往有乳窟。窟中多玉乳交流，……其水边处处有茗草罗生，枝叶如碧玉。唯玉泉真公掌采而饮之，年八十余岁，颜色如桃李。而此茗清香滑熟，异于他者，所以能还童振枯，扶人寿也。余游金陵，见宗僧中孚，示余茶数十片，拳然重叠，其状如手，号为仙人掌茶。盖新出乎玉泉之山，旷古未觌。……后之高僧大隐，知仙人掌茶发乎中孚禅子及青莲居士李白也。』其诗有云：『茗生此中石，玉泉流不歇。根柯洒芳津，采服润肌骨。丛老卷绿叶，枝枝相接连。曝成仙人掌，似拍洪崖肩。举世未见之，其名定谁传。』

天柱真茶

唐人认为产自安徽潜山柱山之茶『甚甘香芳美』，可以消酒化食。但因条件所限，即使在中央政府工作的权贵，一时也不容易得到。

李德裕（公元787~850年），唐代著名政治家、文学家。曾官至宰相、太尉。他为了得到天柱茶，也靠人脉关系相助。有位新任舒州牧守赴任之前，李大人托付道：『到彼郡日，天柱峰茶可惠三角。』这位牧守可能不太懂茶之优劣，见上级要茶叶，就以为多多益善，派人一下子送来几十斤茶，懂茶的李大人自然是不会收大路货的，全部退了回去。李德裕可不是一般的茶人，是非常讲究茶叶品质的，而且对于烹茶用水要求也非常苛刻，常年派人去运惠山泉水，时称『水递』。所以非正品天柱茶他是不会接受的。该牧守得到教训后，用意精求，获数角天柱真茶，返京后送给李德裕，这次李大人点头收下了。

再托代写

柳宗元（公元773~819年），字子厚，河东（今山西运城）人。进士出身，后因贬官至柳州任刺史，人称『柳柳州』，为唐宋八大家之一。

某日，时任监察御史的柳宗元忽见御史中丞武某来访，此人曾有诗作描写南方白衣美女，『笑掩微妆入梦来』，品不甚高。为博天子高看自己，谢天子所赐一斤新茶，二次求人代写谢表。柳宗元确未拒绝，拔笔写下《为武中丞谢赐新茶表》。其中代为运用不少好词，如：『照临而甲坼惟新，煦妪而芬芳可袭。调六气而成美，扶万寿以效珍。』

武某后官至宰相，两年后被平卢节度使派人刺死。

赞普知茶

据唐代李肇《国史补》中记载：『常鲁公使西蕃，烹茶帐中，赞普问曰：「此为何物？」鲁公曰：「涤烦疗渴，所谓茶也。」赞普曰：「我此亦有」。遂命出之，以指曰：「此寿州者，此舒州者，此顾诸者，此蕲门者，此昌明者，此㴩湖者。」』从这段纪实文字资料可知，在唐代安徽寿县霍山和怀宁潜山、浙江长兴顾渚山、湖北蕲春、四川绵阳、湖南岳阳等地的名茶生产、销售之规模。

小团龙茶

蔡襄（公元1012~1067年），字君谟，兴化军仙游县（今福建仙游）人。进士出身，曾多次担任中央及地方官职。诗文书法皆有造诣，于茶事更有研究，所撰《茶录》传世。尤其是在担任福建路转运使时，经他研发，将精挑细选茶之精华创制而成小龙团十斤，每斤十饼，讨得皇帝欢心，故而皇帝亲口赞曰：『龙团凤饼，名冠天下。』

蔡襄很善于别茶。某日，到一位友人家造访，主人拿出珍品小团茶招饮。忽然又有客至，主人亦请同饮。蔡襄喝罢说：『非独小团，必有大团杂之！』主人连忙把小童儿叫过来询问，烹茶小童儿解释说：『本碾造二人茶，继有一客至，造不及，乃以大团兼之。』

低调赐茶

皇帝为了密切与权臣关系，往往赐给办事得力者高档茶叶。某日，宋哲宗对准备赴杭州公干、前来辞行的中使道：『辞了娘娘，再转来。』中使奏明太后，又折回宋哲宗所在大殿内，心中暗想：『今日圣上为何如此神神秘秘？』此时哲宗亲自来到一个柜子旁，慢慢从中取出一斤团茶，对中使小声叮嘱道：『赐与苏轼，不得令他人知晓！』然后，将茶亲手放在包装之内，亲笔题封交至中使手中。在杭州地方官吏为中使举办接风宴结束后，众人陆续告辞退去，只见中使依然稳坐，对同席的苏轼低声说了句：『你莫可先归。』直至客人都已退去，才拿出哲宗指示的只赐苏轼、又不让旁人知道的稀缺茶品递了过去，并悄悄对苏轼耳语道：『只赐与你，不可教旁人知之。』皇帝赐臣子茶，为何不采取公开之举呢？据文字记载，当年小团龙饼十分珍贵，有些皇亲国戚直接向皇帝伸手要茶，倒使天子左右为难，一来茶饼库存日渐减少，二来也不想影响各方面的关系，所以只得如此低调行事。

小团难得

皇家独享的贡品建安小团龙茶，茶厂备有专用雕龙花模。据记载，材质分为银圈银模、银圈竹模、竹圈银模。外形有方、圆之分，等级严格、制作精良，时价达每斤金二两。这在诗中多有描绘，如『规呈月正圆，势动龙初起』『拣芽分雀舌，赐茗出龙团』『样标龙凤号题新，赐得还因作近臣』。更有『金易得，而龙饼不易得』之说。如此珍品，天子虽很舍不得分给别人，但也不得不在固定祭日，拿出一点赏与关键岗位的臣子。分配原则是：中书省、枢密院各一饼，四位朝堂要员每人员分得半块。得不到皇上眷顾而两手空空的官吏也毫无办法，因为全国生产高级龙团茶的总量极低。

密云珍品

宋代有一种称为密云龙的北苑贡茶，形状比小龙团小而印制的云纹更为精密。二十饼一斤装入专用黄色双袋，时谓『双角团茶』，自然只为皇室独享。苏东坡因天子眷顾获赏得到此等贡茶，自然视若珍宝。一般来宾在苏府是无缘品尝得到的，只有门下四位最得意的学士前来拜望老师时，苏东坡才舍得命侍妾朝云取出密云龙茶待客，这是家人们都知晓的惯例。然而，某日，朝云听得主人吩咐取出此茶时，以为肯定又是四学士来访，偷偷上前一看，却是一位不认识的文人，只因苏轼欣赏其人才学，破例以此茶招待。苏轼有云：『共夸君赐，初拆臣封。看分香饼，黄金缕，密云龙。』

不识茶叶

宋代有位官至魏国公的权臣嗜酒如命，却『不甚喜茶』。家里有许多下属送的新茶好茶，都被他不论新陈、精粗混装在竹筐内，不去过问。某夏日，一位懂茶的侄儿进府探亲，正巧府内家人在骄阳下曝茶于庭，他随手拿过一饼见其上写有款字，是个『襄』字，原来就是端明殿学士蔡襄所送高档茶品。这位公爷的侄儿想：反正叔叔也不知道茶的好坏，顺手牵羊将其拿走珍藏家中。事后，遇到蔡学士时他亦不曾隐讳此事，学士略有惋惜地说，当时自己手里只有九饼，后另添别饼凑成十件，才作为礼品送至魏国公府的。

北苑试新

南宋福建漕司在仲春上旬十分忙碌，因为要发运第一纲蜡茶，即所谓『北苑试新』。此等贡品茶，每片仅方寸大小，总计不过百片，重量只十数斤。然而，需要数千采、制茶工人的辛苦劳作，官府要每日付每位工人工资七十铜钱。水芽制成的最小茶饼每片合计人工费五千。不仅茶饼本身制作精良，就连包装都异常讲究：『护以黄罗软盝，藉以青箬，裹以黄罗夹复，臣封朱印，外用朱漆小匣，镀金锁，又以细竹丝织笈贮之。』

贡品虽贵重，仪式虽隆重，但到了京都必要经过专司质量、安全检查的官吏这一关才可上达。据资料记载：『翰林司例有品尝之费，皆漕司邸吏赂之。』否则，一旦关照不周，茶里给你加点盐，则『茗花为之散漫，而味亦漓矣』。

苏轼种茶

苏东坡不仅热衷品茗斗茶，还亲自刨土种植茶树，这在一般茶人中并不多见。述及此事有诗作《种茶》为证。他在被贬至惠州期间，偶然在杂树间发现一株被茨棘不容的生茶树，联想到自己仕途坎坷，不禁吟出：『天公所遗弃，百岁仍稚幼。紫笋虽不长，孤根乃独寿。』将此茶树带回住所，『移栽白鹤岭，土软春雨后。弥旬得连阴，似许晚遂茂。能忘流转苦，戢戢出鸟咮』。对于这株自己关爱有加的茶树还期以厚望，茶叶的质量要超过千团百饼各色贡茶，『何如此一啜，有味出吾囿』。

不过，根据传统说法，茶树移栽是不可能成活的。古典小说《镜花缘》中便有论及：『茶树不喜移种，纵移千株，从无一活；所以古人结婚有「下茶」之说，盖取其不可移植之义。』

茶

辨茶无误

古代有位文士擅长绘画、专以草虫为最；也喜欢鉴别茶，对于产自各地的名茶特性把握准确。某日至虎丘赏景，一位对茶道颇有研究的僧人听说他懂茶，就想考察一下他的本事究竟如何。便选了两种茶叶，各取相同重量混合一起进行冲泡，请他品鉴是何等茶叶。这位文士通过观汤色、嗅香气、品其味后说道：『尚未尝饮过此种茶叶。不过依我看，可能是用两种茶叶相兑而成。』僧人对其知茶功夫心悦诚服，不禁夸赞道：『真陆羽复生啊！』

葬茶冢中

杜睿（公元1611~1687年），号茶村，黄冈（今湖北黄冈）人。明末遗民、诗人。从其自号茶村，便知当是一位茶痴。在明末清初动荡的社会变动中，杜某生活不会十分富足，却依然过着宁可一日无食，也不可一日无茶的日子。他认为茶有四妙：湛、幽、灵、运。可『澡吾根器，美吾智意，改吾闻见，导吾杳冥』。他的恋茶到了连喝过的残茶也不忍随意抛舍，而是『检点收拾，置之净处，每至岁终，聚而封之，谓之茶丘』。至此尚嫌未尽情意，还要刻块石碑，上书『石可泐，交不绝』之语，与茶一起埋葬。

石子肪
交不孬

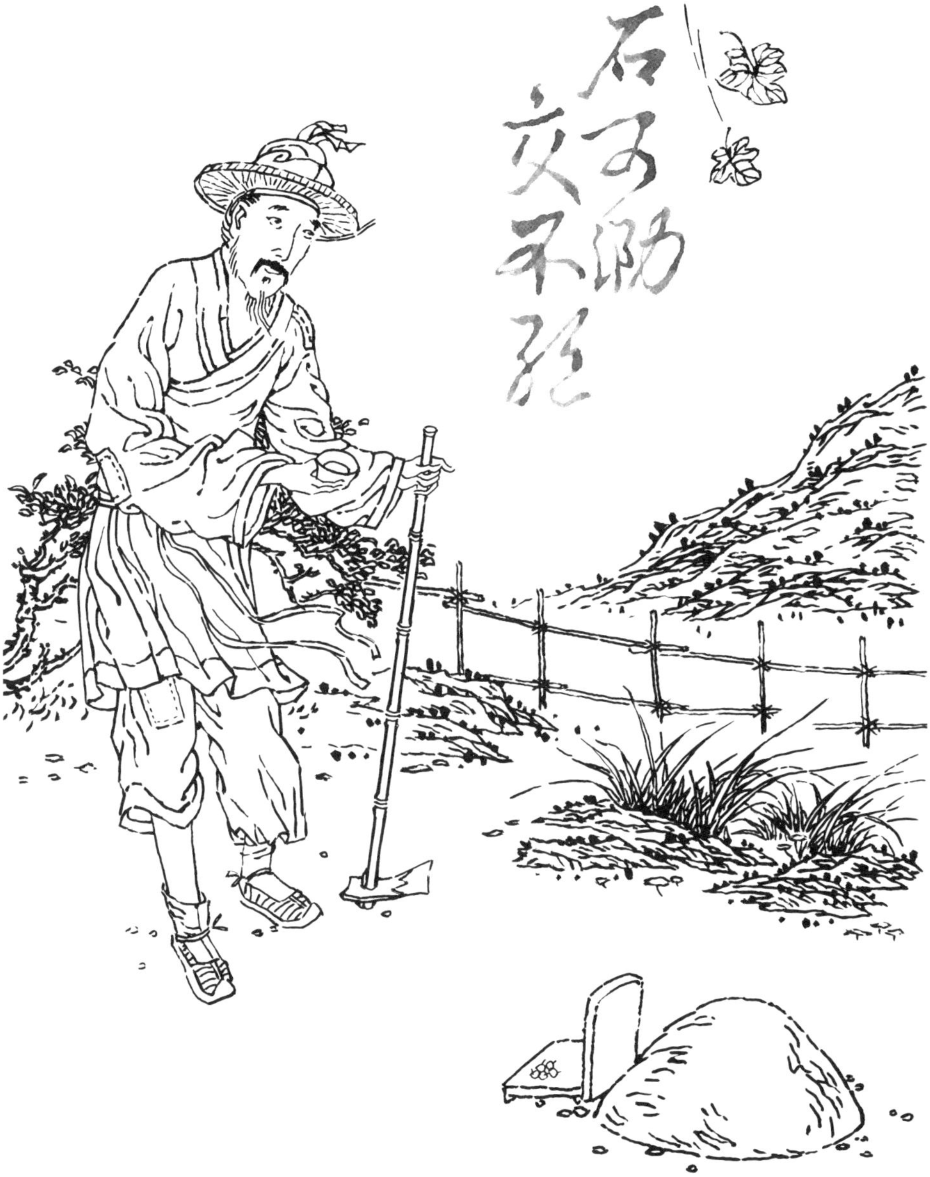

采茶女歌

对于采茶女艰辛的茶园劳作，也许只有女诗人运用文字加以描述时才会更加细腻，更能体味采茶女喜乐哀怨之心境。清代有位女诗人所作《采茶歌》中正有所体现。如：『朝提篮出，暮提篮归。……采茶女，知茶天。谷雨后，清明前。风日美，茶香起，风日阴，茶香沉。采茶还制茶，制茶如惜花。纤甲挑雀舌，小水浇云芽。焙火候火性，炙日畏日华。』在介绍过采茶女整日工作项目及对生产知识的掌握后，《采茶歌》转入对采茶女情感的描写：『采茶女，虽采茶，洁白皙，如东家。麻者衣，布者服，乌者发，玉者足。道上郎，立道旁。采茶女，避茶树。终日采茶不嫌苦，百年采茶不嫌老。于今县官催夫帖又下，嫁郎作夫不知寡。』另有一位写《采茶行》诗的也是一位女性，写道：『山家女儿鬟盘鸦，雨前雨后采新茶。涧水清瀹浑似镜，凌波照见颜如花。采不盈筐长叹息，三春辛苦向谁说？担向侯门不值钱，一瓯春雪千山叶！』

吓煞人香

『从来隽物有嘉名，物以名传愈见真，梅盛每称香雪海，茶尖争说碧螺春。』碧螺春茶在清代被茶人推为天下第一茶。该茶的名字十分雅致，其实是因为它于春天采自洞庭山东山碧螺峰，故而为其定名并没有费去文士多少心血。然而，在此之前它还有一个非常直接的叫法——『吓煞人香』茶。说是采茶人因所采茶树叶较多，筐不胜贮，因置怀间，茶得热气，异香忽发，采茶者争呼『吓煞人香』。后来康熙视察太湖时，江苏巡抚宋荦『购此茶以进，上以其（指原名吓煞人香）名不雅，题之曰碧螺春』。从此，人人改口，不叫吓煞人香了。其实它还另有一个俗名叫『佛动心』，也是形容茶香之意。当时每斤碧螺春价三两。闻名全国的经学家俞樾（公元1821~1907年）曾因得到一小瓶碧螺春而感叹道：『穷措大口福，被此折尽矣！』

碧螺春

茶场作歌

乾隆皇帝热衷茶事，留有大量咏茶诗篇。虽说有些诗句诗韵不足，但这种自然主义的手法倒为后人记录下当时社会时事、风情等十分丰富的历史资料。阅读其所作《观采茶作歌》之后，便会有诗如是感触。乾隆在位六十年，有四次亲临西湖茶区，该诗为他首次在西湖天竺亲临茶场巡视时有感而发。兰云：『西湖龙井旧擅名，适来试一观其道。村男接踵下层椒，倾筐雀舌还鹰爪。地炉文火续续添，乾釜柔风旋旋炒。慢炒细焙有次第，辛苦工夫殊不少。』紫禁城中的天下第一人在目睹制茶流程后，说出了这样一句有意义的话：『防微犹恐开奇巧，采茶竭览民艰晓。』

虽然乾隆自诩：『我虽贡茗未求佳』，但并非真的如此，他敏感地觉察到地方官吏的弄虚作假现象。他在所作另一首观茶诗中指出：『前日采茶我不喜，率缘供览官经理；今日采茶我爱观，吴民生计勤自然。』一个贵为九五之尊的天子，能够认识到地方官吏布置现场、粉饰太平、掩盖劣迹以谋升迁的严重问题，倒真是当时百姓之一大幸也。

茶具十咏

乾隆皇帝政事之余，每每在瀹茗之后，兴之所至而专以茶为题，展纸赋诗。如其所作《烹茶》一诗：『梧砌烹云坐月明，砂瓷吹雨透烟轻，挑珠入夜难分点，沸蟹临窗觉有声。静浣尘根心地润，闲寻绮思道芽生。谁能识得壶中趣，好听松风泻处鸣。』再如作有《冬夜煎茶》：『阿僮火候不深谙，自焚竹枝烹石鼎。……定州花瓷浸芳绿，细啜漫饮心自省。』乾隆还有在宫中收藏的古代书画上题诗的习惯。曾在文徵明《茶事图》上题七言绝句十首。不仅如此，还以文徵明《茶具十咏》韵，在宁寿宫中作了五律十首。其中包括《茶坞》《茶人》《茶笋》《茶入篇》《茶舍》《茶灶》《茶焙》《茶鼎》《茶瓯》《煮茶》。文徵明（公元1470~1559年）是明代书画家、文学家，喜茶，有不少涉茶事的画作传世。

莲花茶香

《浮生六记》是清代文士沈复（公元1763~1832年）的一部纪实性著作。阅过其卷二《闲情记趣》一文，可知作者与夫人举案齐眉，相知相伴十分和谐，生活中充满情趣。书中写道：『夏月荷花初开时，晚含而晓放。芸（注：作者对妻子的爱称）用小纱囊撮茶叶少许，置花心。明早取出，烹天泉水泡之，音韵尤绝。』南宋明人钱椿年所作《茶谱一卷》中详细介绍了莲花茶的制作工艺：『于日未出时，将半含莲拨开，放细茶一撮，纳满蕊中，以麻皮略縶，令其经宿。次早摘花，倾出茶叶，用建纸包茶焙干，再如前法。又将茶叶入别蕊中，如此者数次。取其焙干收用，不胜香美。』此后数日，经多次换用新鲜莲花依法炮制而成，『不胜香美』。明代茶书中也介绍莲花茶的制作工艺，大体相类。关于莲花茶，在清代宫廷女官所著《御香缥缈录》中谈到西太后讲究品茶，常备名茶有几十种之多，其中亦有莲花茶。

名茶自备

清代长篇白话小说《歧路灯》第十六回中描写地藏庵范姑子为三位要结拜的公子筹办酒席，礼仪过后，三人来至客厅坐下，范姑子捧上茶来。一位公子却不接茶，言道：『我有带的茶叶，师父只把壶洗净，另送一壶开水来。』范姑子猛想起这些人才进门时，刚把庵内准备的茶水尝了一口便不再喝的缘故，只得照办就是。少顷，小厮端来让厨房照料泼好的茶。连茶杯都是家人装在皮套里带来的。『众人喝着茶，范姑子也不知是普洱、君山、武彝、阳羡，只觉得异香别味，果然出奇』。看来范姑子虽不知茶，却也听熟了当时社会上所推销各地名茶的名字。在另一部清代小说《儿女英雄传》中也有涉及茶品的描述：『褚大娘子捧过茶来，说：「这是雨前，你老人家未必喝，我那儿赶着叫他们煎普洱茶呢！」』在该书另一节中提到的一个礼单上有『尼山石砚、《圣迹图》、莱石文玩、蒙山茶、曹州牡丹根子』等，这自然都是当时名品。

叔茶侄供

刘琨（公元271~318年），字越石，中山魏昌（今河北无极）人，晋代军事将领，有一定文学修养，喜欢喝茶。其所作《与兄子南兖州刺史演书》中记有索茶逸事。信中写道：『前得安州干姜一斤、桂一斤、黄芩一斤，皆所需也。吾体中溃闷，常仰真茶，汝可置之。』从信中所示信息可知：晋代吃茶，茶、姜、桂一起煮沸饮之；在当时人们生活中，茶有一定医疗作用；茶叶生产具备了一定规模。

乞茶救病

孟郊（公元751~814年），字东野，湖州武康（今浙江德清）人，唐代诗人，进士出身，官至县尉。他用字造句追求瘦硬，与唐代另一位诗人贾岛一起，有『郊寒岛瘦』之称。喜茶，有茶诗《题陆鸿渐上饶新开茶山》传世，夸赞陆羽隐居茶山『乃知高洁情，摆落区中缘』。

既然常饮茶品，难免有茶叶接济不上的日子，只得伸手向朋友索要，记录此类讨茶之事有《凭周况先辈于朝贤乞茶》诗，曰：『道意勿乏味，必绪病无悰。蒙茗玉花尽，越瓯荷叶空。……曾向贵人得，最将诗叟同。幸为乞寄来，救此病劣躬。』真是乞茶颜面厚，盼茶救星来。

画扇换茶

徐渭（公元1521~1593年），字文长，绍兴府山阴（今浙江绍兴）人。诗文书画及剧作均有很高造诣，是明代文士中的奇人。

徐渭生活孤苦，也喜爱品茶。遇到友人赠茶则十分欣喜。例如，当他得到友人送他的浙江上虞名产『后山茶』时，竟不知如何表达才好：『一穷布衣辄得真后山一大筐……』他在《与钟公子赌写扇》诗中，还记录了另外一件涉茶趣事。某日，钟公子带着十六两名茶『后山』作为礼物来拜访徐渭。但条件是徐渭要在赌藏钩游戏中赢了才行，否则须画十八把扇面方可与『后山』茶交换。最后果因运气不佳，徐渭输了游戏，只得画扇换茶。弄得他尚未画完十八把扇面，便已『老臂偃枯焦』了。钟公子其实是与他开了个玩笑，见徐渭疲劳至此也就作罢了。

在徐渭传世的书法作品中，有一件《煎茶七类》，被后人赞为『奇逸超迈，纵横流利，无一点尘浊气，非凡笔也』。

煎茶七類

邮卒窃茶

张孝祥（公元1132~1170年），字安国，简州（今四川简阳）人。南宋著名文学家。进士出身，担任过多种要职，曾被秦桧陷害入狱。其所作《枢密端明先生宠分新茶，将以丽句，穆然清风，久矣不作，感叹之余，辄敢属和》诗有云：『伐山万鼓震春雷，春乡家山挽得回。定自君王思苦口，便同金鼎荐盐梅。』作者在诗中把宠分新茶的意义捧得很高，然而，却是一场空欢喜。为什么呢？且看诗人在结语处的一段小注：『茶为邮卒所窃，但诗筒至耳。』原来快递过来的新茶，已被驿站邮卒偷窃而去，只剩一纸诗文留在包装之内，让收件人真是哭笑不得。故而走笔续诗一首：『诗肠隐隐转饥雷，春困无人与唤回。强续新诗终不似，空传衣钵向黄梅。』

茶杂他物

陆游（公元1125~1210年），号放翁，今浙江绍兴人。南宋爱国诗人，进士出身，因触怒秦桧而被除名。累官至宝章阁待制。他词风悲凉雄旷，对茶事热衷。其所作游记《入蜀记》中记有：『赴蔡守饭于丹阳楼，热特甚，堆冰满座，了无凉意。蔡自点茶颇工，而茶殊下，同座熊教授，建宁人，云：「建茶旧杂以米粉，复更以薯蓣，两年来，又更以楮芽，与茶味颇相入，且多乳，唯过梅则无复气味矣。」非精识者，未易察也。』这段不长的文字证明茶叶造假古已有之。宋人喜茶白，茶商便往其中添加增白、增稠的粉面。文中所述宴会之上用冰块降温，可见主人也是奢华得很，然而却上了茶商的当，让客人喝了假茶。陆游一言中的——『茶殊下』。

假早春茶

中国古典小说《镜花缘》第六十一回《小才女亭内品茶　老总兵园中留客》描写紫琼领众姐妹来到茶树环绕的绿香亭内，自有丫鬟采茶煮水。紫琼提道，『因近时茶叶每每有假，……目下江浙等处以柳叶做茶。……近来吴门有数百家以泡过茶叶晒干，妄作药料，诸般制造』，加入的药料有『雌黄、熟石膏、青鱼胆，柏枝之类』，使之青艳、清香、无异味、起白霜，而绝类早春新茶，真是害人不浅。

浮梁买茶

白居易（公元772~846年），字乐天，原籍太原，其曾祖父时迁致下邽（今陕西渭南）。进士出身，累官至刑部尚书。唐代大诗人，存世诗作数千首。性喜茶，咏茶诗很多。如『食罢一觉睡，起来两瓯茶』『闲吟工部新来句，渴饮毗陵远到茶』『洪瓯似乳堪持玩，况是春深酒渴人』『遥闻境会茶山夜，……紫笋齐尝各斗新』『汤添勺水煎鱼眼，末下刀圭搅曲尘』。

在中国茶史研究中，尤其应给予重视的诗作当属《琵琶行》。其中有『老大嫁作商人妇，商人重利轻别离，前月浮梁买茶去』之句，说明去景德镇办理茶叶生意，是当时新兴而有利可图的商贸活动。

赊茶转卖

清代小说《歧路灯》第四十二回《兔儿丝告乏得银惠　没星秤现身说赌因》中描写公子正在书房看书，一个绰号叫兔儿丝的人扑过来跪在地上求救命。此人说他从茶叶店赊了八两银子的茶叶，想通过转手赚点钱用。没想到茶叶推销出去，茶叶钱尚未全部收回。又怕手中现有的部分茶叶钱被恶人夺去，所以不敢再去讨要。但茶叶店又催还茶叶钱，万般无奈求公子相助。公子被他缠得无法，只得指着案子上一方砚池说：『这是宋神宗赐给王安石弟弟的端砚，我当年花费十两银子买的，你拿去当二两银吧！』其实，这个兔儿丝是骗钱还赌债的。不过此处介绍了当时社会上茶叶行销的一种方式。

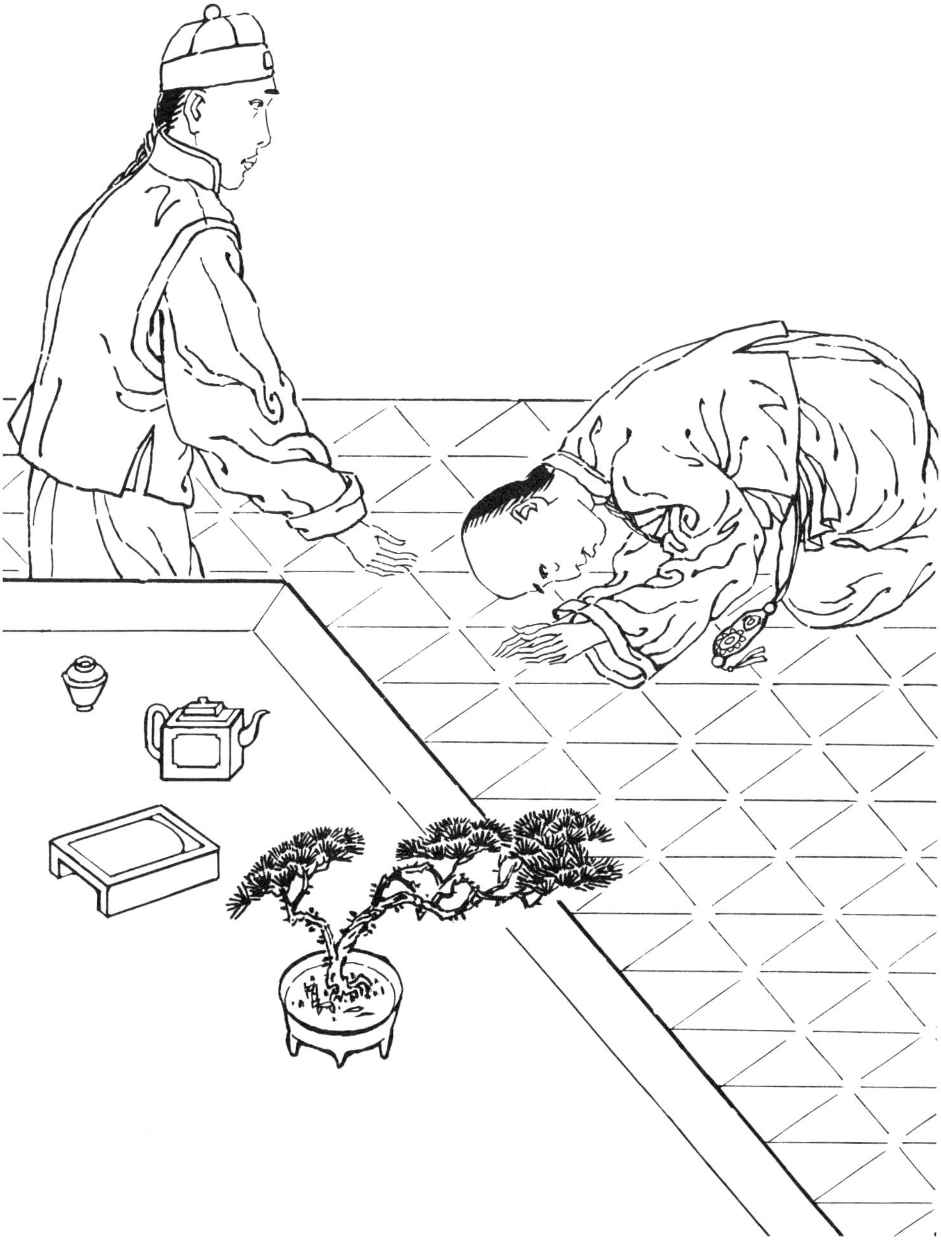

山僧茶店

『花落山僧扫尽，客来唯有新茶』。中国佛教禅林与茶文化的发展渊源甚深，有不少茶僧的故事流传至今为读者耳熟能详。在寺庙自有的地产上种植茶树、采制名茶，以供应佛事之用亦为常见。但由僧人开办茶叶专卖店自产自销的则凤毛麟角。据清人《扬州画舫录》载：『青莲斋在街西，六安山僧茶叶馆也。僧有茶田，春夏入山，秋冬居肆。东城游人皆于此买茶供一日之用。郑板桥书联云：「从来名士能评水，自古高僧爱斗茶。」』自家开店，出售自产茶叶名品，以茶养寺，利民而清雅，值得今之旅游业管理者参考。

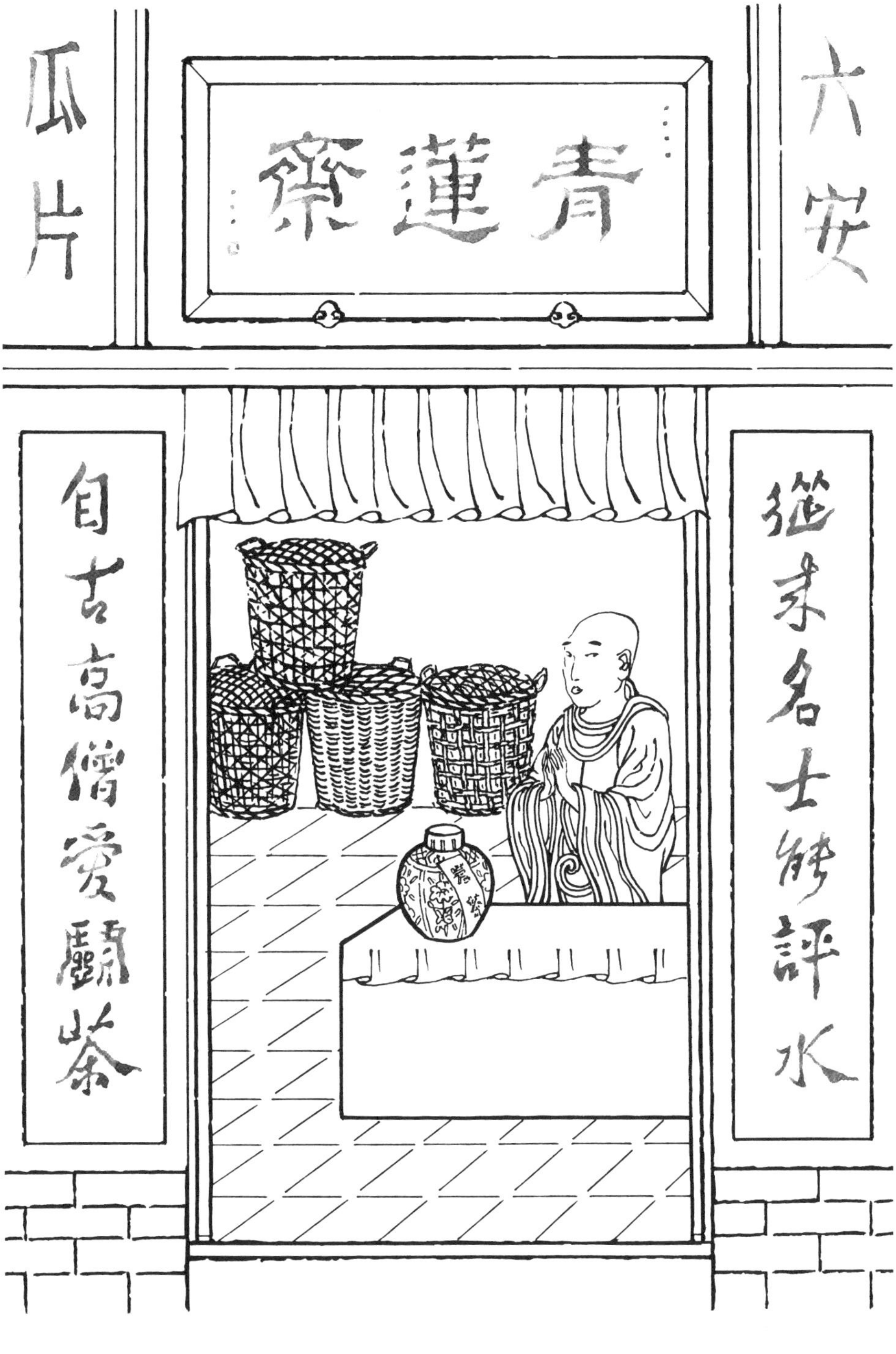
六安
瓜片
青蓮齋
從來名士能評水
自古高僧愛鬭茶

茶器珍宝

唐代宫廷饮茶之风极盛，所用茶具无论种类用途，还是材质造型，都非常讲究、华美。1987年，位于陕西省扶风县的法门寺地宫被发现，地宫出土有大量奇珍异宝，如刻有唐僖宗小名『五哥』的茶具十一种十二件：盛茶饼的鎏金镂空鸿雁球纹银笼子、鎏金蔓草飞禽人物银坛子、鎏金壶门座茶碾槽架、纯银碢轴茶碾子、银金花茶罗子、银涂金摩羯纹三足盐台、鎏金流云纹银茶匙、鎏金龟形银茶盒、鎏金飞鸿菱形纹银茶则、鎏金双狮纹银茶盒等。这些茶器在材料品质、制作工艺、造型设计、使用类别上，都是研究茶文化史的珍贵资料。

除以上金银器外，还有『瓷秘色碗七口、内二口银棱；瓷秘色盘子叠子共六枚』及瓶盘共十六件。由于法门寺地宫内『物帐』碑上的文字记录与地宫出土实物完全一致，通过比对，找到了秘色瓷的实物。

秘色茶盏

五代时期有位进士出身的文学家徐夤，文化修养深厚，不仅喜欢饮茶，而且十分爱秘色茶器，曾作《贡馀秘色茶盏》一诗：『捩翠融青瑞色新，陶成先得贡吾君。功剜明月染春水，轻旋薄冰盛绿云。古镜破苔当席上，嫩荷涵露别江渍。中山竹叶醅初发，多病那堪中十分。』

唐代所谓秘色瓷器呈纯正晶莹青绿色或湖绿色，烧造难度较大。人们注意到即使法门寺地宫出土的秘色瓷器之中亦有有两只碗釉色偏青，故采用了金银平脱工艺进行二次装饰。

茶具图赞

南宋有位审安老人，十分注重茶事研究，他把当时社会上所用茶器归纳为十二种，并绘有图样。为方便茶人记忆，还根据每件茶器的材质、用途，利用谐音，形象地以古代相关官职为命名。如焙笼称为『韦鸿胪』，茶臼称为『木待制』，茶碾称为『金法曹』，茶磨称为『石转运』，葫芦水杓称为『胡员外』，茶筛称为『罗枢密』，茶刷称为『宗从事』，漆茶托称为『漆雕秘阁』，茶盏称为『陶宝文』，汤瓶称为『汤提点』，茶筅称为『竺副帅』，茶巾称为『司职方』。他还逐器点赞，最后完成了前无古人的《茶具图赞》，被人尊称为『十二先生』。

其所创茶具名称为后人所推崇。明代便有人仿效：贮茶的竹笼称为『建城』，装泉水的瓷瓶称为『云屯』，盛炭的竹篮称为『乌府』，盛水竹器称为『水曹』，内装茶具的竹箱称为『器局』，装茶叶的竹盒称为『品司』，等等。真是各司其职，表现了茶人爱茶之雅趣。

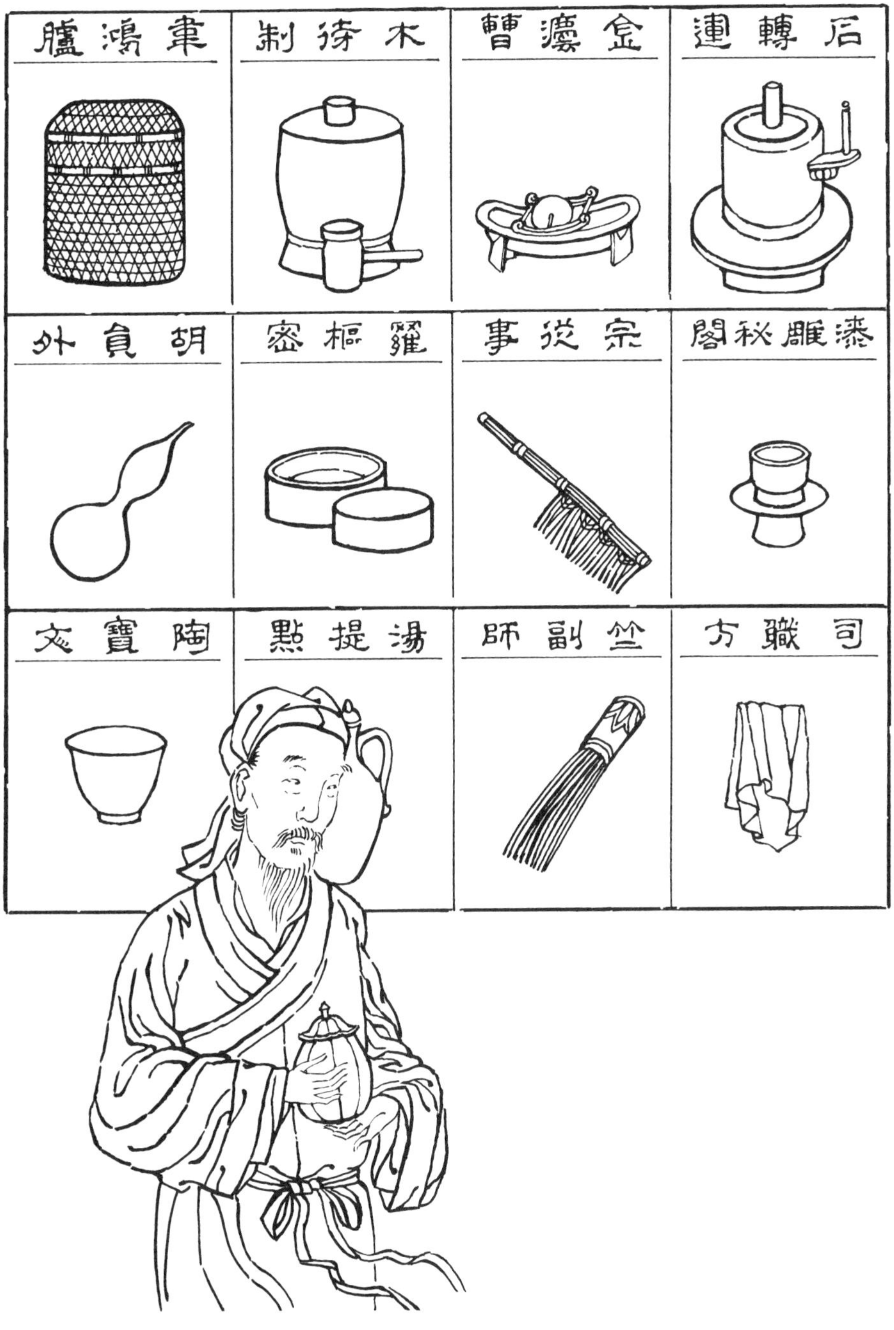
韋鴻臚
木待制
金灋曹
石轉運
胡員外
羅樞密
宗從事
漆雕秘閣
陶寶文
湯提點
竺副師
司職方

水晶茶盂

且说在宋代，由于信息不发达，人们对于一些矿物质制品认知度不全面也是情有可原的。但知之为知之，不知为不知，信口胡诌便会贻笑大方了。下面有一则与茶有关的故事涉及了这个道理。某日，在朝房等着皇上传见的两位武将碰面之后，其中一位拿出一只随身带来的水晶茶盂给同僚传玩观赏，另一位看过后，表示不知何物而成，竟如此晶莹剔透。旁边过来一位中书舍人，为表现自己懂得较多，便抢白说道：『这个你们都不认识吗？这是用多年的老冰块雕成的呀。』

碗碎茶泼

中国古典小说《官场现形记》第四十四回《跌茶碗初次上台盘　拉辫子两番争节礼》中描写一帮佐班官吏到制台衙门拜会制台大人，听到过几天大人要挨班单独传见查考政绩时，都鸦雀无声，面面相觑。吩咐已毕，制台大人端茶送客，众官吏随之也端起茶碗。『忽听得拍挞一声』，佐班中的一位『不知怎样会把茶碗跌在地下，砸得粉碎，把茶泼了一地，连制台的开气袍子上都溅潮了。制台一面站起来抖擞衣裳上的水，一面嘴里说道：「这是怎么说！」急得那位官吏蹲在地上，拿两只马蹄袖捞那打碎瓷片子，弄得袖子尽湿，嘴里自言自语地说：「卑职该死，卑职该死！打碎茶碗，卑职来赔！」』原来『那茶碗托子是没有底的，凑巧他那碗茶又是才泡的开水滚烫，连锡托子都烫热了』。他用『两手把碗连托子举起，不觉烫了一下，一时要放不敢放，误将指头伸在托子底下往上一顶，那茶碗拍拉一声翻到在地下来了』。把制台大人气得说：『这些人是上不得台盘，抬举不来的！』也不送客了，转身便往后堂去了。

宝玉摔杯

中国著名古典小说《红楼梦》第八回中描写，宝玉见茜雪捧上茶来，『吃了半盏，忽又想起早晨的茶来，向茜雪道：「早起沏了碗枫露茶，我说过那茶是三四次才出色，这会子怎么又斟上这个茶来？」茜雪道：「我原留着来着，那会子李奶奶来了，喝了去了。」宝玉听了，将手中茶杯顺手往地下一摔，豁琅一声，打了个粉碎，泼了茜雪一裙子』。袭人连忙过来解劝，贾母那边人来问是怎么了。『袭人忙道：「我才倒茶叫雪滑倒了，失手砸了盅子！」』《红楼梦》中描写栊翠庵妙玉招待宝黛吃茶时，所用之茶具亦极讲究，有海棠花式雕漆填金云龙献寿茶盘、成窑五彩盖碗、官窑脱胎填白盖碗及犀角碗等等。

茶会流香

考篮装茶

清代小说《儿女英雄传》第三十四回《屏纨绔稳步试云程　破寂寥闲心谈月夜》中描写，举子赶考前，把父亲出题的备考用三篇文章做好交给父亲阅示。父亲认为孩子大有希望，为此给予物质鼓励，亲自把自己当年下考场时用的考篮找出来传给他。这是一只经历了三十年风雨、烟熏火燎，已看不出本色的荆条编的考篮。父亲将其传给儿子，寄托着父辈深切的期望。见此情景，母亲连忙过来，把考场应用之物——号帘、笔袋等放入篮中。又把生活用品如饭碗茶盅、铜锅铁铫、风炉等依形摆入，还说：『茶叶、香药等物，临近了再到上屋里来取。』古代举子经过解衣投身，进入考场贡院号舍后，至交卷前不得自由行动。吃喝拉撒睡、纸墨笔砚灯，事前都要备齐全才行。

茶盏研发

随着人们的日常饮茶活动，茶具在功能及造型方面都逐步改进、完善。据载，唐德宗建中年间，蜀相崔宁之女在品茶时，觉得所用茶杯无衬，很容易把纤纤玉指烫伤，就随手拿起小碟子垫在茶杯之下。但端起碟子喝茶时，杯子又会倾倒。如何把杯子固定起来，想来想去试着用蜡烛化开做成一个蜡圈，使杯碟粘连在一起，但仍不很牢靠。随后，她让工匠用大漆代替蜡烛使之上下连为一体。其父见到后，很高兴地向宾客们推荐此法。以后各代不断改进，各地名窑相继烧制出盏托一体的茶具。

乞丐卖壶

饮茶使人身心愉悦，但过犹不及。传说古代广东潮安一带有个富户，好茶，名气很大。某日，富户听说有个身穿衬衫的乞丐在门前讨茶，便出来询问，乞丐说：『人说您的茶很好，可以赐我一杯吗？』富户说：『行乞者也懂茶吗？』乞丐说：『我原也是土豪，就因酷爱饮茶及收集茶具，花费过多而败家的。』乞丐喝过富户的茶后说：『茶是不错，可惜没泡出醇香，你用的是把新壶。』随之拿出一把壶说：『这是我常用的壶，就是受冻挨饿也舍不得卖掉。』富户索壶在手仔细观看，果然精绝。试用泡茶，则茶香清醇、迥异于常。便有购买之意，乞丐见他确是喜爱，便说：『此壶值金三千，只收你一半价钱。壶归我们两人共有，且允许我经常到你家喝茶。』以后二人竟成茶友。

泥壶陪葬

明代有位爱茶如命的文士，对于名匠所制茶壶也是爱不释手。一生是『茗碗熏炉，无时蹔废』。而且定时定点品茶：『且明、晏食、禺中、铺时、下春、黄昏』。八十五岁时无疾而终。可能生前对家人有所嘱托，一定要把一生使用过的好茶壶殉葬带走。其中就有一把供春宜兴壶，因生前非常欣赏，『摩挲宝爱，不啻掌珠，用之既久，外类紫玉，内如碧云』。紫砂壶的一大特点就是『壶入用久，涤拭日加，自闇然之光，人手可鉴』。变日用为殉葬的还有一位，就是明代司礼太监吴经。此人葬于南京马家山，殉葬品中便有一把与供春同时代的提梁紫砂壶。

紫砂名壶

对于茶客来说，宜兴紫砂茶壶可谓人见人爱，这自然是因为其特有的魅力。紫砂泥料有紫、绿、红三色，是一种含铁质的黏土粉砂岩，制成茶壶，可塑性强，保温而透气，又不失茶香。一把名家制作的精品壶，其艺术价值及经济价值极高，有云：『人间珠玉安足取，岂如阳羡溪头一丸土。』据载，明代一把使用过的供春壶『值金一笏』。清代『一具尚值三千缗』（一缗为一千文）。而制壶大家陈曼生的一把紫砂壶，『数金而不可得』。

老兄名壶

明代的宜兴有不少著名壶艺家，其中有位叫李茂林的，技艺绝高，人们对其制作的小圆茶壶赞为『朴致高雅，堪称古玩』。他的儿子李仲芳从小受父熏陶，在制壶工艺上也很是了得。父亲为使儿子所制茶壶不要趋于文巧，经常教导他要学习前人敦古之风。某日，李仲芳按父亲的意思精心制作了一把壶，十分得意，便走到父亲面前，淘气地说：『老兄！这个如何？』从此，这种样式的壶便被戏称为『老兄壶』。

老兄

名人名壶

喜爱收集古代宜兴紫砂壶的藏家们对于明代供春、时大彬等壶艺家的作品可谓梦寐以求。供春壶被赞为『如古金铁，敦庞周正』『式古朴风雅，茗具中得幽野之趣』。另位制壶大家时大彬被赞为『能事终推时大彬』。早年他喜做大壶，后来得高雅之士的点拨，创制小型壶。『不务妍媚而朴雅坚栗妙不可思』，『几案有一具，生人闲远之思，前后诸名家并不能及，遂于陶人标大雅之遗，擅空群之目矣』。《阳羡茗壶系》中评供春为『正始』，时大彬为『大家』。时大彬的一位高足到了晚年，仍感叹不如师父：『吾之精，终不及时之粗也。』

曼生名壶

中国古典小说所描写的人物中不乏性格豪爽、情义如天的汉子。有这样一个故事，一位八十多岁的庄主结识了一位退职的县官。这位庄主重交尚义、有品无心、年高好胜。当他看到家人用漆木盘儿端茶奉客时，老大不高兴地说道：『怎么使这家伙给二叔倒茶？露着咱们大不是敬客的礼了！有前日那个九江客人给我的那御制诗盖碗儿，说那上头是当今佛爷作的诗；还有苏州总运二府送的那个什么曼生壶和咱们得的那雨前春茶，你都拿出它来。』通过这个故事中人物对茶具茶叶的说法，反映出当时有一定地位的家庭中，奉茶待客的礼数及茶事的讲究。『曼生壶』为清代书画家、篆刻家陈鸿寿与制陶家杨彭年合作创制的名品，风行一时。陈曾设计有紫砂壶样十八式。

打碎壶子

清代著名剧目《桃花扇》描写的是『明朝末年南京近事，借离合之情，写兴亡之感』。其中运用了宋代苏东坡打碎茶壶的趣闻影射时事。故事是这样的，苏东坡与黄山谷拜访名僧佛印禅师。东坡的礼物是一把定窑茶壶，山谷的礼物是名品阳羡茶一斤。三位高士在松下品茶，佛印说：『黄秀才茶癖天下闻名，但不知苏胡子的茶量如何？不妨比试一下谁的悟性强！分出个高下怎样？』东坡问：『怎么个斗法呢？』佛印说：『你提问让他答，若答不出，便吃你一棒，我就记一笔「胡子打了秀才」。同样你答不出他的问题，便吃他一棒，我就记一笔「秀才打了胡子」。最后算出结果，打一下吃一碗茶。』定下游戏规则后，两人便开始斗智。问题类似脑筋急转弯，如：没有针鼻怎么穿线？葫芦没把儿如何拿？黄山谷正端壶倒茶尚未回答问题时，见东坡一棒打来，躲闪不及壶被撞破。东坡大笑说：『和尚快记，胡子打了秀才。』佛印却说：『是秀才打了壶子。』作者通过剧中人物之口说：『还是秀才厉害，这样硬壶子都打坏，何况软壶子呢！』这里所称『软壶子』实际暗指南明政治斗争中的野心家阮大铖。

嵌玉锡壶

民国时期，有个乡绅外出办事，暂时在一家客店小驻。某日，跟班的递上一张名片，是位自称现任司令官职的人求见。他急忙出门相迎，没想到在门口向自己打招呼的是一个曾在他家当过佣人的，便说：『没工夫同你闲谈，我正要见一位司令。』那人嬉笑道：『我就是要求见的司令。』乡绅忽然记起一件事，生气地说：『你在我家当佣人时，偷走那把锡茶壶还没追回，今天还有脸向我索要钱物，你就不怕把你送到官府定罪吗？赶快给我走人！』民国时期混入民军当个头头的无赖汉大有人在，正像古代民谣所讽刺的那样：『烂羊头，关内侯；灶下养，中郎将。』清代及民国时期，使用的锡茶壶多为紫砂胎包锡方壶、圆壶、六方壶、却月壶。画面所示为紫砂胎包锡嵌玉茶壶。

茶磨雪飞

宋代茶器中，有一件被审安老人戏以官职命名的物件——石转运，实际上就是茶磨。宋人有多首以茶磨为题的诗传世，如『楚匠斵山骨，折檀为转脐，乾坤人力内，日月蚁行迷』『盆是荷花磨是莲，谁砻麻石洞中天，欲将雀舌成云末，三尺蛮童一臂旋』『韫质他山带玉挥，乾旋坤载妙玄机，转时隐隐海风起，落处纷纷春雪飞，圆体外通常不碍，贞心中立动无违，世间多少槐安梦，信手频推为解围』。这件古代用以碾磨茶叶的石磨，被人格化：『抱坚质、怀直心，啖嚅英华，周行不怠。斡摘山之利，操漕权之重，循环自常。不舍正而适他，虽没齿无怨言。』

画面人物仿宋代刘松年所作《撵茶图》笔意。

石磨试茶

宋人所作《石磨记》说的是自己邻家墙角杂物堆中，有一遗弃不用的小石磨。作者见其石质温细可喜，便问邻居为什么把石磨遗弃？邻居大叔大概于茶之道不很通，说：『大不堪用，每受茶，磨傍所吐如屑。』就是磨不细。作者经邻居同意借去一用，回到屋内把石磨擦洗干净，试磨建茶，只见细比用罗筛过的茶粉。又用上口茶叶再试磨，效果还是很好。只是用粗茶磨时，确如邻居所言磨后茶如屑。其原因是如果茶老硬非佳品，不能与细腻的石磨纹路相适，便被认为『不堪用，而与瓦甓同委』。作者于是联想到世间多少怀才不遇的人，就是因为缺少伯乐式的管理人员，而没法发挥特长，不被社会重视。

端石制铫

除了石磨，在古代文人所用茶器中还有用于煮水的石铫。宋人方逢振《茶具一赞鲜于伯机》诗云：『惠山天下第一泉，阳羡百草不敢先。二绝独与端石便，不受翠铁黄金煎。……我有片石出古端，斤师斩成无脚铛，为君置之书几边，自汲活水烹新烟。』古端指原端州（今广东肇庆）的石材。坚实细润，端砚即用端石所制。石铫煮水优于铜铁金材质制成的煮水器具，可保持水及茶的真味。斤师指雕刻石工。画面所示为作者与手巧的石匠研究雕制石铫时的情景。

石材作

茶具失窃

文人自有文人的逻辑思维方式，有时确与他人不同。宋代有位文士是个茶痴，家中收集的茶具也颇为不凡。在某个月黑风高的深夜，家里进了贼人，将上好茶具盗走。天亮后，女主人发现家中失窃，便急着要报官缉盗，但这位文士却极力劝阻不让声张。女主人奇怪地问：『那为什么呢？』文士自有道理：『彼窃者，必其所好也。心之所好，则思得之，惧吾靳之不予也而窃之，则斯人也，得其所好矣。得其所好则宝之，惧其泄而秘之，惧其坏而安置之，则是物也，得其所托矣。人得其所好，物得其所托，复何言哉！』女主人听罢文士对于雅贼行为的高论后，气得半晌没说出话来。

游山茶担

历代饱学之士都很任性，在生活态度、爱好上总是要彰显个性的。清代姓江的雅士，在黄山脚下盖了座卧云庵。因为酷爱游历山水，为了在行旅中方便茶事，便自行研发了一副茶担，称为『游山具』。漆木扁担两头各挑一个多格木箱。一头除装有茶盘、茶碗、宜兴壶、酒具、文房用品及装炭火的茶炉。另一头装秘色瓷盘、锡茶器和饮食应用杂物。可谓设计奇巧、万宝俱全。人们见此茶担，便知江老夫子正在此游历。

卧雲庵湖上具

饮茶观花

古往今来在爱好品饮茗茶方面，夫唱妇随者并不寡见。清代《浮生六记》记录了茶熟香温之际，夫妇对饮、觅句联吟，极有品质的生活。夫人对丈夫外出交友参加茶会活动亦非常支持。某日，几位文友想一起观花游景，但在协商途中餐饮时发生分歧：是对花冷饮还是空腹观花，或是另觅茶坊，但终觉不如对花饮热茶为妙。在众议未定之时，贤惠的夫人在一旁言道：『各位各出杖头钱，我自担炉火来。』议定后众人散去。作者问其缘由。夫人道：『我在市上见有卖馄饨的，挑子锅灶齐备，可以雇他一起前往。我把饭菜事前备齐，到时你们热一热便可。』作者又问：『可是茶乏烹具呀！』夫人道：『携一砂罐去，以铁叉串罐柄，去其锅，悬于行灶中，加柴火煎茶，不亦便乎！』第二日的游戏活动中，夫人所想出的办法，效果不仅令同去者满意，就是见到这种茶饮方式的其他游客也『莫不羡为奇想』。

水显茶神

水的质量对于茶叶品质的提升十分重要。苏东坡曾与蔡君谟斗茶，第一回合，蔡君谟用的是无锡惠山寺石泉水。此泉陆羽品之评为天下第二，所以苏东坡没占优势。第二回合苏东坡改用竹沥水点茶，便扳回一局。据《清波杂志》载：『天台山竹沥水，断竹梢屈而取之，盈瓮。若杂以他水，则亟败。』看来竹沥水应为竹腔内部排出的水分，属大自然纯正本源之水。历代茶人对于好水十分向往。明人有云：『茶者水之神，水者茶之体，非真水莫显其神。』清人有云：『欲治好茶，先藏好水。水求中泠、惠泉。』

中峡之水

《警世通言》中有个故事题目为《王安石三难苏学士》，说的是苏东坡因随手改王安石的诗稿被贬为黄州团练副使。一年后因事返京，携来一瓮水，系当年出京赴任时王安石嘱托其须取瞿塘中峡之水，用以治疗自己的痼疾。但抬入王府后，王安石取水用银铫煮沸，取白定茶碗，投以秘方所需阳羡茶一撮，倾入开水后，仔细观察茶色，疑惑地问：『这是从哪里取的水？』东坡道：『是巫峡。』王安石又问：『是中峡吗？』东坡答：『是。』王安石冷笑一声说：『你又是在骗老夫了！这不过是下峡之水呀。』东坡不由得生了一身冷汗。原来东坡是打算取中峡巫峡之水的，不想乘船困乏睡去。醒来时船已至下峡归峡地段。东坡急命水手返回取水地点，但水手们用逆水行舟之难婉拒。他只好命靠岸停舟，找当地人打听峡内好水的位置何在？当地居民诧异地说：『三峡相连，江水昼夜不断，怎分好坏呢！』东坡听罢也觉是个理儿，便让人取了下峡水一瓮，带上船来，自己亲自封口、签押。王安石听罢以教训的口气说：『《水经补注》上说：「上峡水急，烹茶味浓；下峡太缓，烹茶味淡；中峡最为适度。」可以治疗老夫病症。所以我一看此水烹的茶色，便知不是中峡之水。』东坡此时又一次感到学养不如王安石，接受了『读书人不可轻举妄动，须是细心察理』的批评。

犹作茶神

南宋爱国诗人陆游的家乡便是名茶日铸茶的产地。本想仗剑报国的他，却命运使然，担任了福建路平安茶公事。通过其留下的许多以茶为题的诗，就可见其一生茶事活动之频繁。如《喜得建茶》《效蜀人煎茶戏作长句》《雪后煎茶》《同何元立蔡肩吾至东丁院汲泉煮茶二首》《北岩采新茶用〈忘怀录〉中法煎饮，欣然忘病之未去也》《啜茶示儿辈》等。最为有趣的诗作是《夜汲井水煮茶》，诗云：『病起罢观书，袖手清夜永。四邻悄无语，灯火正凄冷。山童亦睡熟，汲水自煎茗。锵然辘轳声，百尺鸣古井。肺腑凛清寒，毛骨亦苏省。归来月满廊，惜踏疏梅影。』诗直白写实，表达出茶人爱茶之心切。陆游数十载与茶为伴，『平生长物扫除尽，犹带笔床茶灶来』『《水品》《茶经》常在手，前身疑是竟陵翁』『桑苎家风君勿笑，他年犹得作茶神』。

第一泉水

古人公推天下第一泉为镇江金山西扬子江心石弹山水下之中泠泉。而汲取此泉涌出的纯正之水，要待江水落潮后。所以烹一碗真正天下第一泉的茶水并非易事。清人所作《中泠泉记》中把亲赴江心观看取水过程描写得十分奇异而详细：同舟的是一位道长，他有一件神秘取水之具——水葫芦，这是一件不足一尺的铜制物件，其上配置各式机关，并系有丈余长铜链，将其沉入江心石洞之中，待水盛满后按机关盖上葫芦口，提出洞外。作者有幸品尝到道长亲自用此水所烹之茶，感到『胸腋皆有仙气』。宋人有诗云：『铜瓶愁汲中泠水，不见茶山九十翁。』因泉水在江水之下，如何避免泉水中混入江水是个技术难题，可见取好水之难。

第二泉水

惠山泉源头在江苏无锡惠山，陆羽评水的品级时，此泉获天下第二。历代文士赞惠山泉的诗句很多。如宋人的『惠山泉似雪初消』『第二泉边古佛家』『几年不泛浙西船，每忆林间访惠泉』；元人的『石乱香甘凝不流』；明人的『卫公驿送惠山泉』。明代著名画家文徵明绘有多幅《惠山茶会图》。元代著名书法家赵孟頫手书『天下第二泉』，镌于壁上，流传至今。

画面仿明代文徵明所绘《惠山茶会图》局部笔意，题字仿赵孟頫手书笔意。

天下第二泉

雪水烹茶

明代小说《金瓶梅》第二十一回《吴月娘扫雪烹茶 应伯爵替花邀酒》中，有这样一段文字：『吴月娘见雪下在粉壁间太湖石上甚厚，下席来，教小玉拿着茶罐，亲自扫雪，烹江南凤团雀舌芽茶与众人吃。正是：白玉壶中翻碧浪，紫金杯内喷清香。』古人用雪水烹茶之风俗由来已久。宋代有个故事，说是一位文官娶了高官太尉家姬为妾，一夕，取雪水烹茶，问曰：『太尉家有此风味否？』曰：『彼粗人，安识此风味！』元曲中的唱词『且免了这扫雪烹茶』，则是运用了上述这一典故。清代一位大文人在云南时，恰逢大雪压梅冷玉寒香之际，急忙命人采集下来，『梅瓣雪泉试同啜』。这种雪水茶，想想都是香煞人。白居易《吟元郎中白须诗兼饮雪水茶，因题壁上》诗云：『吟咏霜毛句，闲尝雪水茶。』可以代表雅士们饮雪水茶的闲逸心绪。化雪水烹茶，皆为大工业发展之前空气尚未污染之时，彼时确可为采水方式之一。

绘图乞水

汪士慎（公元1686~1759年），号巢林，安徽歙县人。清代书画家、篆刻家，为扬州八怪之一。由于热衷茶事，故有『嗜茶赢得茶仙名』之句。去别人家作客时，遇到好茶，天色虽晚也不舍离去，借口因天气不好无法回家：『疏雨湿烟客忘返。』他在诗作中描述自己的家：『时余始自名山返，吴茶越茶箬裹满，瓶瓮贮雪整茶器，古案罗列春满碗。』一屋茶器和名茶，犹如品类齐全的茶店。然而，此公却于某年冬月夜，因没有好水烹茶而画《乞水图》，与城北『蓄天上泉最富者』焦五斗换取隔年贮藏的雪水。其所作《柬五斗乞雪水诗》有云：『倘得山家沁齿水，云铛一夜响冰魂』。画《乞水图》以乞水的故事，成为茶史中的一段佳话。

觅水烹茶

茶人想茶却无好水烹茶时，心里会十分焦急，用句俗语便是『百爪挠心』。清代有位生活穷困却一身傲骨的文人写了这样一首有趣的诗，诗题为《城闭，不能出汲江水，汪舟次乞诸豆腐店，得水半瓮，煮茗供余，喜赋》，诗云：『故人怜我渴无赖，却汲江流逢闭城。赠出路傍殊可愧，担来竹下有余清。』友人为解作者燃眉之急，跑到豆腐店去讨水以供烹茶。小时候宅旁恰有一家豆腐坊，印象中屋里热气腾腾，小毛驴拉磨慢慢地转着圈，空气中迷漫着一股豆香气。但没有注意到水的问题，也许好水对于豆腐质量也是很关键的吧。

荷露瀹茗

阮元（公元1764~1849年），字伯元，江苏仪征人。进士出身，被乾隆称为：『不意朕八旬外复得一人』。阮元作为乾、嘉、道三朝元老，多次担任过包括封疆大吏在内的重要职务，道光皇帝曾手书吉语为其贺寿。在学界也是引领风骚、泰山北斗式人物。甚喜茶，涉茶诗有很多，如『寄语当年汤玉茗，我来也愿种茶田』『六班千片新芽绿，可是春前白傅家』『晚阶仍煮六安茗，早饭特剪东园落『茗投龙井叶，咀味清且甘』『儿辈烧松烹洱茶，竹亭炉烟风细细』。受父亲影响，其子阮福也热衷茶事，并担任过管理贡茶事务的官职，撰有《普洱茶记》。阮元烹茶很在意水质优劣。其诗云：『教收荷叶三霄露，供我瓷瓯午后茶。』古人认为天降甘露可以延寿，故有玉露承盘文物传世。阮元是收集夏日荷叶上的露水以供瀹茗。采用相同方法取水的也大有人在。比如乾隆，便喜用采自荷叶之上的露水烹茶，有诗为证：『秋荷叶上露珠流，柄柄倾来盎盎收。白帝精灵青女气，惠山竹鼎越窑瓯。』

梅上采雪

《红楼梦》中对官宦之家茶品之珍贵、茶器之精细、环境之幽雅的描写随处可见。在第四十一回『栊翠庵茶品梅花雪　怡红院却遇母蝗虫』中，妙玉拉宝钗、黛玉喝体己茶，宝玉也悄悄跟来。『妙玉自向风炉上扇滚了水，另泡一壶茶』，拿出珍藏的茶杯为客人斟用，黛玉以为烹茶之水同刚才妙玉为贾母奉茶时所用旧年的雨水相同，『妙玉冷笑道：「你这么个人，竟是大俗人，连水也尝不出来！这是五年前我在玄墓蟠香寺住着，收的梅花上的雪，共得了那一鬼脸青的花瓮一瓮，总舍不得吃，埋在地下，今年夏天才开了。我只吃过一回，这是第二回了。你怎么尝不出来？隔年蠲的雨水哪有这样清淳？如何吃得！」』

乾隆测水

乾隆皇帝第三次南巡所留诗作中有一首《坐龙井上烹茶偶成》，诗云：『龙井新茶龙井泉，一家风味称烹煎。』第四次南巡又留有诗作《再游龙井作》，曰：『清跸重听龙井泉，明将归辔启华旃。问山得路宜晴后，汲水烹茶正雨前。』乾隆对于烹茶水质十分关注，曾命人进行了一项古代关于水的科研活动。用银制水斗测量各地水的轻重，比较了诸如京都玉泉山水、避暑山庄伊松河水、济南珍珠泉水、镇江金山泉水、无锡惠山泉水、杭州虎跑泉水后，以皇帝名义定最轻的京都玉泉山水为最，号称『玉泉山天下第一泉』。

茶湿挂轴

茶水与断案似乎两不相干，然而有时却为破案提供了线索。明代小说《今古奇观》第三卷《滕大尹鬼断家私》说的是传言新任知县断案公正，所以已故太守的继室夫人状告太守原配所生长子独占家产，致使自己与幼儿生活无着。上告同时，还拿出太守生前留赠给母子的一幅挂轴。知县问明大致情况，收好挂轴说：『存起，留待细看。』散班后，知县在书房内打开挂轴，只见画有一位老人，一手抱着婴孩，一手指着地面。知县左思右想，不解其意。此后多日，退堂后把挂轴展放案上，仔细揣摩，依旧没有发现线索。某日午饭后，知县又趴在案上研究挂轴到底藏有何等机密。此时丫鬟端茶过来，知县眼睛停留在挂轴上，一手伸去接茶时，不小心失手，茶泼了出来，将画面打湿。他连忙拿起湿了茶水的挂轴，出屋在阳光下晒。忽然发现裱画的衬纸中有字影呈现，便回屋揭开衬纸，终于发现了其中的奥秘。原来衬纸下夹有一张藏宝图，老太守亲笔注有：在继室母子所住破屋内某处共藏银五千两、金一千两，如遇贤明有司断案时可奉上金一百两，其他均归母子二人度日之用。小说末尾，知县结案时，将银子如数判给该母子所有，而那千两金却说是故太守有言在先，以酬金为名全部私吞了去。

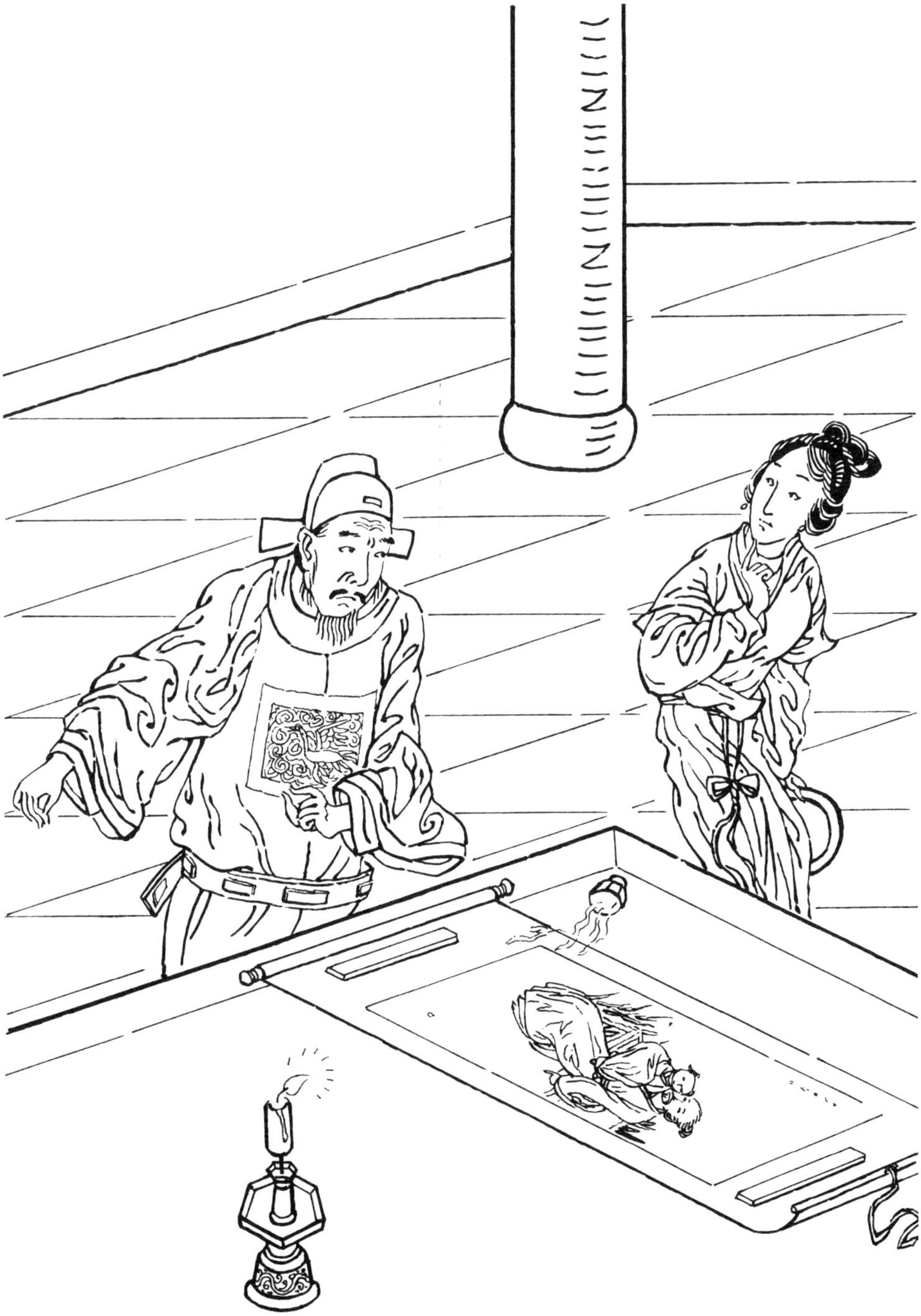

茶坊侦察

元末明初长篇章回小说《水浒传》第一一〇回中描写宋江等人接受了招安以后，众位弟兄因不被朝廷重视都感到郁闷。某日，燕青携李逵打扮成观光客模样进城，在『一个小小的茶肆，两人入去里面，寻副座头，坐了吃茶，对席有个老者，便请会茶，闲口论闲话』。当他们从老人口中了解到近日因江南方腊起义声势浩大威胁京城，朝廷准备派员围剿的军情后，『慌忙还了茶钱』，回到营中向军师做了汇报。第八十一回中描写燕青、戴宗为救萧让、乐和，邀高太尉府中虞候『到茶肆中说话』，三人『同座吃茶』，起初虞候一再推脱，后见戴宗拿出一锭大银放在桌上，便同意帮忙，说道：『你两个只在此茶坊里等我。』

茶

茶坊逃逸

明代有个破案故事也发生在茶馆之中。且说有个姓宋的街面闲汉深夜入室杀人，劫走价值五万贯的财物。受害者家人报案，官府发现嫌疑犯线索后，立即派一行捕快直扑其家，只见门前开着一个小茶坊，众人入去吃茶，一个老汉上灶点茶。捕快道：『叫宋某出来一起吃茶。』老汉进去传话，只听里屋有人骂道：『叫你买三文钱粥，怎么还不去，养你何用。』随后便是几下打嘴巴声音。忽见一人出来，手里捧个粥碗说：『宋某让我先去买粥，喝完便出来相见。』说罢走出房门不见。捕快们等了许久也不见买粥人回来，屋内点茶老汉及宋某也不出来待客，便进里屋查看。只见老汉手脚被绑动弹不得，经审问，方知刚才端碗假装买粥者便是宋某。

茶坊遇贼

明代白话小说《喻世明言》中有这样一个故事。有个姓赵的惯偷，深夜盗走某王府不义之财三万贯及一条暗花盘龙羊脂白玉带。接警后官府派缉捕使臣马观察去了解案情，走到相国寺前，有人上前道：『观察拜茶。』于是同入茶坊，上灶点茶。那人从怀中取出一个纸包，里面装着松子胡桃仁，倒入两盏茶中。谈话间马观察问起对方姓名，那人道：『我就是盗取王府钱物的贼人赵某。』马观察听罢不禁冷汗直流。为了拖延时间，等其他捕快进来缉盗，便慢慢喝着茶。忽觉天旋地转昏迷过去。赵某随手把观察衣服剪下一块放入袖中，付了茶钱。并对茶博士说：『观察不适，我去叫人来扶他转去。』随之不慌不忙走出茶坊。

茶

毒入茶中

中国清代公案小说《狄公案》是以唐代名相狄仁杰为主角断案的故事。其中一个案件是说一名中年妇女前来喊冤，其女新婚不及三日，因饮了新房中的茶水中毒身亡。在调查案情时，狄仁杰了解到，当时是新婚女子让伴姑倒了两碗浓茶，而新郎因刚刚在父亲房中喝过茶便没有喝。不料新娘喝过茶之后，当夜便中毒身亡。狄仁杰审问伴姑，弄清该人为小姐家老仆人，而那壶茶为午后所冲泡，当晚已是第二次冲泡。随后狄仁杰现场勘察，亲自将茶壶的茶水倒了一杯，只见颜色紫黑有腥气。排查数日，在几个相关嫌疑人中仍未发现真凶。某日，家人进书房献茶，狄仁杰见茶水上浮有灰尘，便责备家人茶水为何不洁？家人慌忙告知可能是从房檐上落下来的，此时狄仁杰似有所悟。第二天再至现场调查，见烧水处房檐瓦木半朽坍损，又命伴姑在此烧水泡茶，反复十数次却不喝茶，事主十分奇怪。忽然从那炉火正上方的檐子里落下碎泥点点，露出一个大蛇的头，并从口中流出毒液，正好滴落在炉上的开水壶中，事主连忙命人将蛇打死。至此案件终于水落石出，曾被怀疑的人也都得到解脱。

泼茶选后

话说同治皇帝到了谈婚论嫁的年纪，却怎么也高兴不起来。这是因为两宫太后在人选问题上产生分歧，倒使小皇帝左右为难。慈禧太后要选侍郎之女当皇后，慈安太后则认为侍郎之女举止轻佻，不能统率后宫母仪天下，想让承恩公之女做皇后。由于两宫争执不休，最后只好叫皇帝自己看着办。同治谁也不敢得罪，思来想去难下决断。猛然，见一个宫女正送上茶来，同治帝想到了一个办法，在选后仪式上，把茶泼在地上，让参选的两位女子直接走过来。侍郎之女扭扭捏捏，怕茶水弄脏了衣角，把袍幅儿提起来走去。而承恩公之女却目不旁观，大大方方地走去。于是同治便当了众人选承恩公之女做了皇后。

注汤点茶

此图据辽代墓室壁画局部画面笔意所绘，表现当时社会生活中备茶时注汤、点茶相关动态及所须茶具，是辽代上层人物茶事礼仪活动的真实写照。

碾茶烹水

此图据辽代墓室壁画局部画面笔意所绘。可见两幼童一人碾茶，一人扇火。桌上摆有各类茶具。桌后髡发男子持一执壶正在备茶。茶碾是古代茶器之一，用以将茶碾成粉末。其材料以银、铁为适用。目前仍有草药小厂存用相似器具，使用手法与古人碾茶相类。

古代茶诗有不少谈到碾茶，如『碾雕白玉，罗织红纱』『碾成黄金粉，轻嫩如松花』『碾细香尘起，烹新玉乳凝』『银瓶铜碾俱官样，恨欠纤纤为捧瓯』『黄金小碾飞琼雪，碧玉深瓯点雪芹』『茸分玉碾闻兰气，火暖金铛见雪花』等等。

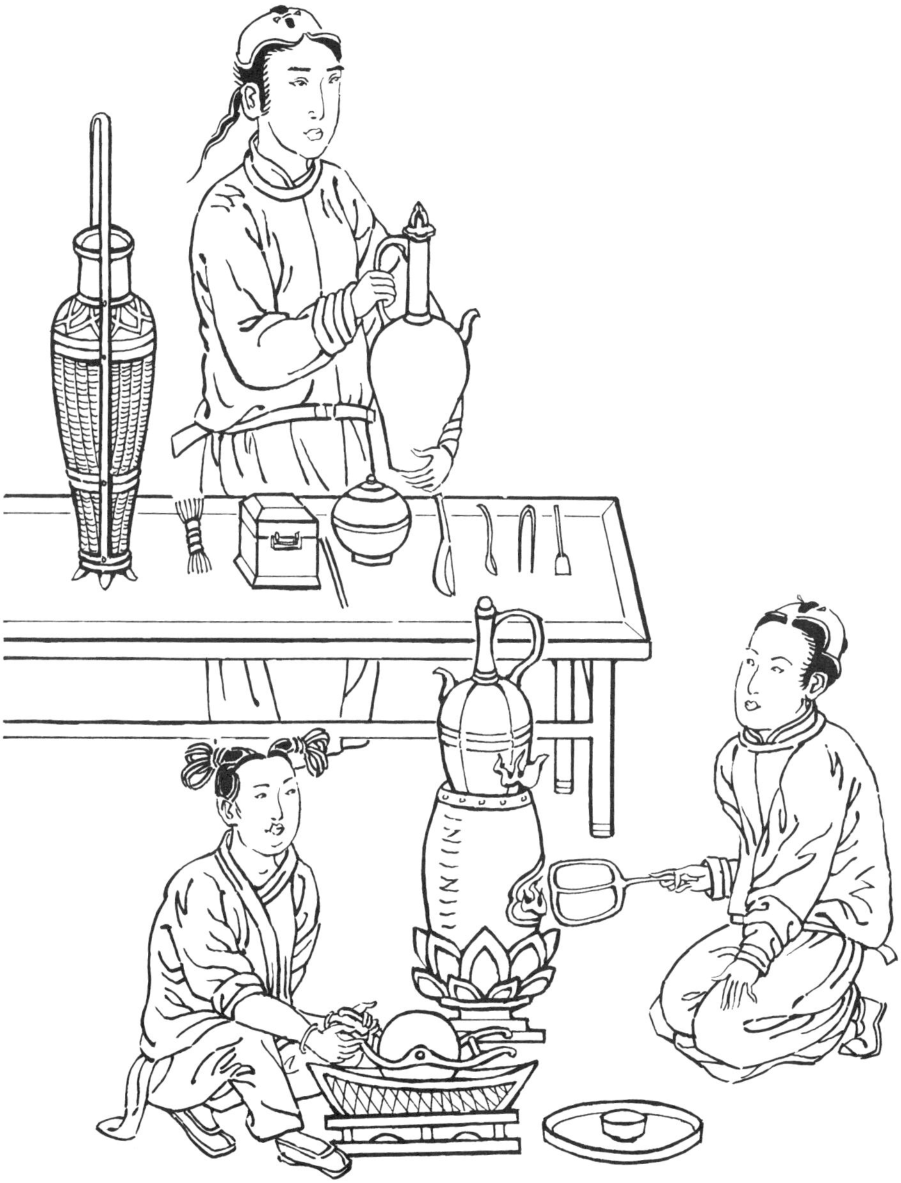

茶宴待开

此图据辽代墓室壁画局部画面笔意所绘。可见一幼童躬身扇火备水，桌后有二人，其一为髡发男子，拱手胸前；另一男子头戴幞头，手端白瓷茶盘茶杯。二人似为备茶事而交谈。表现了当时契丹汉化和民族融合的状况。

吹火烹茶

此图据辽代墓室壁画局部画面笔意所绘。有一幼童吹火备茶，茶具有茶碾、茶炉、茶杯、茶盒、灯具等。在辽宁省博物院藏宋代张激所绘《白莲社图》中，有类似幼童吹火点茶炉的形象。古人词云：『皓月窗间射。清泪如铅泻。圆枕冰寒，败衾铁冷，漫漫长夜。唤儿曹吹火煮新茶，当围炉行炙。』关于吹火一事，余曾在南方乡间见过烧柴草，于灶内煮饭时，用竹制吹火筒人工吹气加氧助燃的古老方式。

备茶实况

在辽代墓室中绘制有大量壁画，由于是当时画工根据耳闻目睹、亲身经历所绘，可信程度很高，比一般文人所画饮茶图提供的资料信息更为接近现实，也为今人研究辽人的社会生活实况提供了直观的视觉形象。正因其文化价值的珍贵，本书用尽可能多的画幅加以再现，然而篇幅有限，亦有所割舍。此画面所示有一双髻男童碾茶、另一髡发童子正向茶炉口内吹火助旺。后边一发式时尚女子双手持茶托茶盏，另一人为契丹装束，动作似与炉上汤瓶有关。背景中有多种茶器。有关辽代中原茶文化的文字资料记载甚少，而这些出土的墓室壁画，恰好是燕云十六州饮茶风俗的写实。

元茶宋风

在元朝，饮茶仍是当时社会生活的重要内容之一。所谓『上而王公贵人之所尚，下而小夫贱隶所不可缺』。元朝茶叶名字亦很多，如作为宫廷贡品的武夷茶和范殿帅茶，受到当时茶客的珍爱。元朝制作龙团茶饼的方法仍沿袭宋代传统模式，在茶中加香膏油，压制成型后再涂饰香膏油，所以茶饼表面腻滑如蜡，也称为蜡茶。元人散曲也有涉及茶，如：『细研片脑梅花粉，新剥珍珠豆蔻仁，依方修合凤团春』。可证当时还有茶中添加贵重香料粉之饮法。

此图据元代墓室壁画局部画面笔意所绘。

茶人癖好

中国古代许多茶人出于对茶的钟爱，将茶与自己的雅号、斋名紧紧联系在一起。斋名如元代的『茶庵』『煮茗轩』，明代的『茶材』『茶居』『茗醉庐』，清代的『茗斋』『茶星阁』『茶得室』『茶梦庵』『茶坡草堂』『茶半香初之堂』。雅号如唐代的『爱茶人』『别茶人』，宋代的『茶山居士』，明代的『玉茗』『茶山老人』『茶梦主人』，清代的『茗客』『茶禅』『茶农』等。不胜枚举。

画面人物所示各自雅号：唐代陆羽为『茶山御史』，宋代朱熹为『茶仙』，元代卢廷璧为『茶庵』；明代柳佥为『味茶山人』，清代靳应升为『茶坡樵子』。

此外，历代文士还给茶起了不少有意义的称谓，如『不夜侯』『晚甘侯』『瑞草魁』『涤烦子』等等。

唐
茶山御史
宋
茶仙
元
茶庵
明
味茶山人
清
茶坡樵子

琴茶相伴

周昉，生卒不详，字景玄，京兆（今陕西西安）人。官至宣州长史。工仕女人物画，多写贵族妇女，容貌丰润、衣褶劲简、色彩柔丽，兼得神气情性。代表作传世有《挥扇仕女图》《簪花仕女图》。此画面笔意取自唐代画家周昉所作《调琴啜茗图》。该图现藏美国纳尔逊·艾金斯艺术博物馆。画面中有侍女一旁捧茶静候，贵妇人调琴试音，生活节奏舒缓闲适。正如宋代女词人张玉娘所吟诗句：『独坐幽篁阴，停绣更鸣琴。』唐代大诗人白居易专以《琴茶》为题赋诗曰：『兀兀寄形群动内，陶陶任性一生间。自抛官后春多醉，不读书来老更闲。琴里知闻唯渌水，茶中故旧是蒙山。穷通行止长相伴，谁道吾今无往还。』作者弃官后，过着远离官场人事纷争、平和任性的生活，一边弹奏琴曲《渌水》，一边品着蒙山名茶，是何等心旷神怡。

茶与琴、香

文人雅集除吟诗作画外，不可缺少的还有品茗、焚香、抚琴。宋人有记曰：『崇宁四年立春日，会德夫西轩。风回气暖，日转窗明，竹影动摇，梅花凌铄。德夫烧御香，觉夫点团茶。听美成弹《履霜操》，相顾超然，似非人间。』在物质生活条件达到一定程度之际，精神生活更需要充实完美。在如此优雅的环境和气氛之中，忘掉六根事，身心全解脱。

香、茶清韵

闲处于明窗净室之间，燃点沉香于宣炉之内，分茗茶于瓷瓯之中，大可怡情养性。明人所作《茗谭》云：『品茶最是清事，若无好香在炉，遂乏一段幽趣；焚香雅有逸韵，若无茗茶浮碗，终少一番胜缘。是故，茶、香两相为用，缺一不可，飨清福者能有几人？』倘若多人茶会于楼堂馆所，会使书童杂役忙活一阵子。画面所示二人备茶、一人备香，仿元人《听琴图》局部笔意。

附录一

陆羽

蔡襄

《茶经》，唐代陆羽著。陆羽（公元733~804年），字鸿渐，复州竟陵（今湖北天门）人。相传智积禅师在西湖边上捡拾一孤儿，为其取名陆羽。寺庙繁重的劳作和苛刻的管束，限制了他天性的发展，于是从庙中逃脱而成为艺人。不久被竟陵李太守发现并得提携。此后便品茶鉴水，融入大自然。考察之余，则闭关对书。他淡泊名利，不走仕途，耗时二十年并几经删削增补，终于完成中国茶文化之经典著作《茶经》，成为整理研究中国茶文化理论的开山人物，被民间尊为『茶神』。《茶经》共三卷，约7000字。其目次为：一之源，二之具，三之造，四之器，五之煮，六之饮，七之事，八之出，九之略，十之图。

《茶录》，宋代蔡襄著。蔡襄（公元1012~1067年），字君谟，仙游（今属福建莆田）人。进士出身，官至知泉州、福州、开封、杭州等职。在任福建路转运使时，造小龙团茶进贡。他提出了当时影响一代的品茗标准：『茶色贵白』。《茶录》分上、下卷，约700字。其目次为：序，上篇《论茶》，下篇《论茶器》，后序。

《东溪试茶录》，北宋宋子安著。宋子安约在公元1064年前后著作此书，以补前人关于建安茶事著作之不足。《东溪试茶录》约3000字。其目次为：绪论，总叙焙名，北苑，壑源，佛岭，沙溪，茶名，采茶，茶病，叙述诸焙沿革及所隶茶园的位置与特点，以及茶叶品质与产地自然条件的关系。

《品茶要录》，宋代黄儒著。黄儒，字道辅，北宋建安（今福建建瓯）人。进士出身。《品茶要录》共一卷，分十篇，约1900字。其目次为：总论，采造过时，白合盗叶，入杂，蒸不熟，过熟，焦釜，压黄，清膏，伤焙，辨壑源、沙溪，后论。论述了制造茶叶过程中应注意的各种问题及地理环境对茶叶的重要性。

宋子安

黄儒

赵佶

熊蕃

《大观茶论》，宋代赵佶著。宋徽宗赵佶（公元1082~1135年）当皇帝治理国政不着调，却在书法绘画艺术方面有所建树，抚琴品香更是高雅得很。同时还忙于研究茶事、撰写茶书。他与蔡襄君臣呼应，提出『盏色贵青黑』的概念。《大观茶论》约2800字。内容丰富，其目次为：绪言，产地，天时，采择，蒸压，制造，鉴辩，白茶，罗碾，盏，筅，瓶，杓，水，点，味，香，色，藏焙，品名，外焙。洋洋大观，如同学术论文。

《宣和北苑贡茶录》，宋代熊蕃著，其子熊克增补并绘图。熊蕃（公元1106~1156年），字茂叔，建阳（今福建建阳）人。《宣和北苑贡茶录》约1800字，并附图38幅，记述了当时入贡建茶的品种、形制、模具质地及尺寸，有极高的史料价值。

《北苑别录》，宋代赵汝砺著。赵汝砺，时任福建路转运司主管帐司。《北苑别录》目次为：序言，御园，开焙，采茶，拣茶，蒸芽，榨茶，研茶，造茶，过黄，纲次，开畲，外焙。介绍了46处御园的位置、茶叶采制方法以及贡茶的种类、数量、运装运输及茶园管理等。

《茶谱》，明代朱权著。朱权，明太祖朱元璋第十七子，封宁王。政治上受到压制，韬光养晦于乐曲戏剧之中，以避其害。朱权认为制茶中『杂以诸香（料），失其自然之性，夺其真味』，提倡『莫若叶茶，烹而啜之，以遂其自然之性也』。同时认为景德镇的茶具品质为上，『注茶则清白可爱』。《茶谱》约2000字。其目次为：序，品茶，收茶，点茶，熏香茶法，茶炉，茶灶，茶磨，茶碾，茶罗，茶架，茶匙，茶筅，茶瓯，茶瓶，煎汤法，品水。

赵汝砺

朱权

顾元庆

田艺蘅

《茶谱》，明代顾元庆在明人钱椿年《制茶新谱》基础上删校、增补而成。顾元庆（公元 1487~1565 年），长洲（今江苏苏州）人，明代藏书家、茶学家。书中提出了各种花茶的制法。例如把茶叶放在荷花蕊中，经宿，制成莲花茶等。同时指出：『人饮真茶，能止渴消食，除痰少睡，利水道，明目益思，……除烦去腻。人固不可一日无茶，然或有忌而不饮。』《茶谱》顾元庆约 1200 字。其目次为：序，茶略，茶品，艺茶，采花，藏茶，制茶诸法，煎茶四要，点茶三要，茶效。文中并附有竹炉分封六事、插图 8 幅及相关文字。

《煮泉小品》，明代田艺蘅所著。该书著于公元 1554 年，汇集历代论茶与水的诗文，并将其归为九种水性，约 5000 字。其目次为：引，源泉，石流，清寒，甘香，宜茶，灵水，异泉，江水，井水，绪谈，跋。

《茶录》，明代张源著。张源，字伯渊，号樵海山人，包山（今江苏苏州）人，是一位志甘恬淡、性合幽栖的隐士，致力茶事研究三十年。《茶录》约1500字，其目次为：引，采茶，造茶，辨茶，藏茶，火候，汤辨，汤用老嫩，泡法，投茶，饮茶，香，色，味，点染失真，茶变不可用，品泉，井水不宜茶，贮水，茶具，茶盏，拭盏布，分茶盒，茶道。书中指出，宋人煮水不求老，是因为当时把茶磨成粉末，而现在的茶『不暇罗磨，全具元体，此汤须纯熟，元神始发也』。煮茶亦需与时俱进，不可泥古不化。他认为茶有真香、有兰香、有清香、有纯香。提出『盏以雪白者为上』。文中还专列了『茶道』一则，就茶品本身而言，明确提出了『精、燥、洁，茶道尽矣』。

《茶说》，明代屠隆著。屠隆，字长卿，浙江鄞县（今浙江宁波鄞州）人。进士出身，官至礼部郎中。明代戏曲作家、文学家。屠隆原著书名为《考槃余事》，后人取其中《茶笺》一部加以增删改作《茶说》。

张源

屠隆

熊明遇

罗廪

《罗岕茶记》，明代熊明遇（公元1579~1649年）著。熊明遇，字良孺，江西进贤人。万历进士，累官至兵部尚书。此文为其在长兴知县任上所作。《罗岕茶记》约500字。书中总结：茶生长方位称佳者，在『山之夕阳，胜于朝阳』。

《茶解》，明代罗廪著。罗廪（公元1573~1620年），字高君，浙江慈溪人，曾有十数年在中隐山亲历植茶生涯。《茶解》目次为：序，总论，原，艺，采，制，藏，烹，水，禁，器。罗廪指出，泡茶不一定要在其中加各种佐料，特别是像元代画家倪瓒那样『点茶用糖，则尤为可笑』。

《岕茶笺》，明代冯可宾著。冯可宾，字正卿，山东益都人。进士出身，曾任湖州司理。《岕茶笺》目次为：序岕名，论采茶，论蒸茶，论焙茶，论藏茶，辨真赝，论烹茶，品泉水，论茶具，茶宜，茶忌。文中提出最宜饮茶的时机是：无事、佳客、幽坐、吟咏、挥翰、徜徉、睡起、宿醒、清供、精舍、会心、赏鉴、文僮。

《岕茶汇钞》，清代冒襄作。冒襄（公元1611~1693年），字辟疆，江苏如皋人。明末清初文学家，隐居未仕。《岕茶汇钞》，约1700字，从几部茶书中择其要义汇编而成，内容涉及茶之产地、采制、鉴别、烹饮等及有关故事遗闻。书中提到：『茶壶以小为贵，每一客一壶，任独斟饮，方得茶趣。』

岕茶笺

冯可宾

岕茶汇钞

冒襄

包拯

秦观

包拯（公元999~1062年），字希仁，庐州合肥（今安徽合肥）人，北宋名臣。进士出身，历官至枢密副使、龙图阁直学士，权知开封府。他关心茶在国家经济中的地位，在奏折中多次涉及茶法。如《论茶法》：『臣访闻今岁江淮山场榷货务，见积压累年茶货一千一百余万斤，并无客人算请，……每年课利并税钱亏欠数百万贯，则国家财用仰给何以取济？……今来茶法子细公共从长定夺，……即得公私利济，经久可行。』

秦观（公元1049~1100年），字少游，高邮（今江苏高邮）人。宋代文学家。进士出身。苏门四学士之一。他对于茶事颇有研究，能从《五百罗汉图》中考证出有『茗饮者六人』，分管茶艺，各司其职的童子有『抱经室主茶奁、荷策、持瓶、典汤、沏器凡十有六』。另有词曰：『北苑研膏，方圭园璧，名动万里京关，碎身粉骨，功合上凌烟。尊俎风流战胜，降春睡，开拓愁边。纤纤捧，香泉溅乳，金缕鹧鸪斑。』短短半阕中，涵盖了当时团茶形态、名气、饮法、功能、侍茶女及斗茶活动。

贾铉（?~公元1213年），字鼎臣，博州茌平（今属山东聊城）人，金朝大臣。进士出身，历官至礼部、刑部尚书，参知政事。贾铉在兼工部侍郎时，曾上书《论山东采茶事》，提到百姓上山采茶，受到当地官吏执诬索赂，这种错误做法应令按察司约束。

忽思慧，蒙古族人。元代营养学家，曾任宫廷饮膳太医。他结合本职工作，撰写《饮膳正要》，记载有枸杞茶、玉磨茶、金字茶、范殿帅茶等的由来和元代各族饮茶之特点，为茶史中有价值的史料。画面人物取自《事林广记》插图笔意。

贾铉

忽思慧

李时珍

叶子奇

李时珍（公元1518~1593年），字东璧，湖北蕲春人。明代杰出医药学家，著有医药学经典《本草纲目》。在《本草纲目》中关于茶有释名、集解及茶叶、茶籽的医药作用，其论茶比一般茶学家更为精深透彻。画面人物形象取蒋兆和所作李时珍像笔意。

叶子奇（公元1327~1390年），字世杰，龙泉（今属浙江）人。明代学者。洪武年间以荐授巴陵主簿被牵连入狱。在狱中仍学究气十足，不忘文字写作。笔记《草木子》载：『御茶则建宁茶山别造以贡，谓之噉山茶。山下有泉一穴，遇造茶则出，造茶毕即竭。……民间只用江西末茶，各处叶茶。』

顾炎武（公元1613~1682年），明清之际的大文学家，与黄宗羲、王夫之并称清初三大儒家。著作颇丰，所著《唐韵正》考辨茶字形、音、义的演变，指出茶字产生在中唐，并认定『自秦人取蜀而后，始有茗饮之事』。

顾炎武

附录二　日本茶道介绍

茶传入日本的历史文化背景

公元749年，日本圣武天皇因身体欠佳，退位让其女儿阿倍内登基，名孝谦天皇，改元天平胜宝。孝谦天皇受父亲的影响，继续推行佛教政治。天平胜宝六年（公元754年），中国唐朝的鉴真和尚东渡日本，受到了圣武太上皇、光明皇太后和女儿孝谦天皇的盛情接待。在东大寺，鉴真和尚接受了为其在卢舍那大佛前受戒的礼仪，并传授了佛教的律宗。而后律宗得以在日本广泛传播。

由于佛教在当时受到国家的重视，僧侣们的政治地位也随之得到提高，其中就有两位名声较大的僧侣最澄和空海，深受天皇的信任，于公元804年随遣唐使前往唐朝学习天台宗、密教、禅宗等佛教思想和戒律。此二人不辱使命，回日本后分别创立了天台宗和真言宗。最澄大师还自建了大乘戒坛，并因此确立了延历寺在日本佛教界的中心地位。他还带回一些茶种，种植在比叡山上。

公元9世纪末期，正值中国的唐朝末年，唐朝出现了安史之乱，战乱四起、民不聊生。日本也停止了遣唐使的派遣，中日两国的文化交流受到了极大的影响，日本的饮茶之风也随之逐渐变冷，这种状况大约持续了二三百年时间。直到公元12世纪，又有一名僧侣被派往中国学习，他就是在日本茶道史上被尊为茶祖的荣西禅师。荣西生于公元1141年，幼时跟随父亲诵读佛经，十四岁在比叡山的延历寺出家为僧，公元1187年他二次赴中国学习佛法，拜天台山万年寺的虚庵怀敞和尚为师，研习佛法南宗禅，学习期间正值中国盛行饮茶，寺内僧人均以饮茶来提神，荣西在研习佛法的空闲时间，也学习了茶的有关知识。他于公元1191年回国后，不仅将学到的南宗禅带回了日本，还将宋代的一些新的茶种带回日本，分别种在三个不同的地方，其中京都附近的宇治种植的较为成功，曾被誉为是生产茶叶最好的地方。荣西的出现不仅挽救了日本的『茶』，还因为他的大力倡导，日本饮茶之风又重新兴起，也为今后发展成具有日本特色的茶道文化铺平了道路。

茶道的形成及其主要流派

随着南宗禅在日本的迅速传播，宋朝的茶道和茶的思想也很快流传各地，茶已成为贵族和僧侣喜好的饮料，大量的茶园也随之相继出现。公元15世纪，在足利幕府的第八代将军足利义政的大力资助下，茶道发展成为一种独立、世俗的礼仪。从那时起，茶道便在日本确定下来。而参与此项工作的正是足利义政将军的贴身侍役能阿弥和他的弟子珠光两位茶艺大师。能阿弥出身武士，原名中尾真能，后来剃度为僧，改名叫能阿弥。这个名字听起来有些怪异，据说是由他原名中的『能』字加上『南无阿弥陀佛』中间的『阿弥』组合而成。这也说明了他对佛教的崇尚之心。他对茶道的贡献可谓不小，现举两个例子：其一是他对沏茶的方法进行了大胆创新，发明了架子的沏茶方法，从而达到了在将军的茶道席上提高沏茶品味的效果。其二是他所教的弟子中有一位被后人称为茶道的开山鼻祖珠光。

珠光原是奈良称名寺的和尚，因不服寺规出离了山门后四海为家，有幸拜在能阿弥大师门下学习插花和唐物鉴赏（即对中国器物的甄别）。珠光不仅天资聪慧，而且勤奋好学，为了改革茶道，又拜了大德寺著名的一休和尚为师学习禅，并且悟出了『佛法亦在茶道中』这一独到的见解。珠光倡导人身平等的理念，这在当时是绝无仅有的。

珠光和能阿弥虽然是室町中期（即东山时代）最杰出的两位茶艺大师，但他们俩人的性格和对茶道的理解却完全不同，能阿弥的茶道偏重于将军及贵族，而珠光则更看重茶道的精神和人生平等的理念，因此深受普通百姓的崇敬和喜爱，弟子众多，可谓桃李满天下。这其中又出现了两位茶艺大师，即珠光的徒孙武野绍鸥及其弟子利休。

到了室町末期至战国时期，茶道界就是武野绍鸥和利休的天下了。武野绍鸥（简称绍鸥）从小好学，曾拜当时著名的古典文学家三条西实隆为师学习歌道（和歌之道），绍鸥三十一岁削发为僧，继续学习歌道，最后成为一名和歌诗人。他将和歌的理论融入茶道中，两相结合，对之后茶道最终实现日本化起到了很大作用。绍鸥门下有很多出色的人物，利休就是其中一个。利休原名千宗易，又叫千利休，是堺城鱼屋家的儿子，十九岁拜绍鸥为师学习茶道。十五年后绍鸥病故，利休已经成为堺城三大茶人之一了。

天正十三年（公元1586年）十月七日，皇宫中举办茶会，关白丰臣秀吉派利休向正亲町天皇敬茶。利休从此一举成名，被称为天下第一茶人。丰臣秀吉非常喜爱茶道，利休也颇受重视，并协助其举办了许多次大型茶会，最大的一次茶会是在天正十五年（公元1588年）十月朔日召开的北野大茶会，这是一次法乐大茶会。法乐是指在神佛前演奏乐曲及朗诵诗歌。利休作为天下第一茶道宗师，一生辉煌无与伦比。利休死后，他的子孙们继续努力，尤其是以『三千家』（即表千家、里千家和官休庵）为代表的利休流，在明治时期取代了当时最有势力的远州流和珠光流，成了日本茶道的中心。

茶室

最早的茶室是在客厅里用屏风隔开后被称作『围室』的地方，用于茶会。而创建第一个独立茶室的则是绍鸥的弟子利休大师。独立茶室（以下简称为茶室）不仅只是一间十平方米左右用来吃茶待客的小屋，还包括用来准备茶具的、洁净而整齐的水屋和供客人在等候主人迎请时使用的门廊以及连接门廊和茶室的通道。据传茶室的规模大小是由师绍鸥确定的，最多可容纳五人。

茶室的内部结构及室内装饰、摆设，体现了主人的爱好及理念，大致可分为『喜爱之屋』『空之屋』及『不对称之屋』三种类型。『喜爱之屋』是为了满足茶室主人的艺术追求和需要而建造的房屋，艺术品位极高，装饰和摆设也能体现主人的爱好和特点。『空之屋』则是建筑及装饰非常简朴，茶室里除了摆放一些必要的设施外别无他物，这也体现了主人对道家的『空纳万物』理念的推崇。『不对称之屋』则是道家观念和佛教禅宗理念的结合，它既避免了对称所表达的完美和重复，也突出了东方艺术的美感和清新活泼的想象力。

茶室的装饰及摆设都是精挑细选的，颜色和样式也决不重复。譬如摆放鲜花和悬挂以花为题的绘画不能同时出现；用了圆形的茶壶，那么水罐就必须有角；黑釉茶碗不能和黑漆茶叶罐一起使用等等。

茶室的简朴和超俗是佛教理念的体现，它让人们远离尘世间的烦恼，沉浸在安静自然和美的体验之中，也为日本的贵族武士及各界茶人在劳务之余提供了一个深受欢迎的休息场所。公元17世纪的德川时代，即使是在推行严格的形式主义的情况下，茶室也能提供给茶人们一个享受艺术与自由精神的空间。在这里，大名、武士和平民之间没有差别。而这就是珠光所倡导的『人生而平等』理念的延续，也是茶道精神的体现与发扬。

茶器

日本对茶器的重视超乎寻常，茶器品种繁多、丰富多彩、与众不同。除了饮茶必备的水指（茶壶）、茶碗、茶杓（茶勺）、茶入（茶叶筒）、釜（烧开水的锅）这五大件外，还有在茶会中经常出现的诸如花生（花瓶）、香炉、香合、钵、酒器、向付、枣（盛放茶叶末的枣形茶叶筒）等器物，这些器物是在日本茶道中独有的。

说起茶碗就不得不提到这样一个传闻：在珠光所在的时期，有一个说法，即必须拥有来自中国的『唐物』才能称作『茶道名人』。而珠光大师就拥有十来件『唐物』茶具。其中来自中国的『珠光茶碗』因为珠光大师非常喜爱，作为『珠光名物』保存到了现在。其实在珠光以前，来自中国的茶碗就颇受喜爱，其中『天目茶碗』就是由镰仓时代留学中国的日本僧人自天目山带回的，并被视为国宝存放至今。而桃山时代以志野、濑户、织田为代表的『和物茶碗』（日本自己制作的）的出现，为日本茶道增添了不少光彩。

花生（花瓶）和枣（茶叶筒）只是在名称上与中国不同，而香炉、香合和钵，则体现了日本茶道文化中不可缺少的佛教文化成分。

桃山时期，古田织部等桃山的茶人，喜欢将饮食和游乐渗入茶道中，所以从这个时期开始，酒器和向付（盛放菜肴的器物）出现在利休茶道的会场上，则是必然的了。

茶礼的形成

吃茶的风俗和茶的种植栽培相互影响与促进，使得吃茶的风气得到了普及和发展。而且到了镰仓末期，茶会盛行，一些具有审美能力的茶人们聚集在一起，品茶论道和欣赏音乐歌舞。平安时期，宫廷的显贵们为了寻求诗趣和玩乐，经常聚集在一起举办茶会，饮酒作乐。『茶礼』（茶会的礼仪和程序）就是在这个时期逐渐形成的。

一个偶然的机会，我在《茶の古典详解》一书中，发现了一组《吃茶往来》原文的照片，而且字迹非常清晰。据我所知，《喫茶往来》主要是由两组有关茶会的往来书信组成，而这组照片包括了此文的大部分内容，尤其重要的是在第一封信（即写给没有出席茶会的朋友的）上，较全面地描绘了当时茶会的形式，并且揭示了茶会的要点。这一线索受到了特别重视，使我们了解到有关日本南北朝时期（公元14世纪）茶道确立前后的情况。

为此，我以《吃茶往来》的第一封信为基础，又参照了《茶道史》中『茶礼の形成』的部分内容，并根据我对那个时期茶会的了解，进行了综合整理。现将当时茶会的仪式和具体内容简单描述如下：

当时的茶会是由聚餐、品茶、饮酒三个步骤构成。

第一步是参加茶会的人们在会客厅中聚集等候，主人摆上包括山珍海味的三菜一汤的菜肴，席间还向客人们献酒三次以表敬意，然后又拿出精美的糕点和园中自产的甘鲜水果等供客人们自由选用。饭后客人们自行离开座位到庭院中散步。

第二步是到二楼的吃茶亭品茶。吃茶亭内正面悬挂着佛教祖师释迦牟尼和观世音菩萨的画像，左右悬挂着普贤和文殊两位天尊的画轴。正面条案上摆放着胡铜（即青铜）的花瓶和香匙、火箸等闻香的器具以及茶罐和香炉，香炉中不时散发出阵阵的清香。客人的座位是胡床（折叠椅），主人是竹椅，上面铺着锦缎。房间四面均挂着中国的绘画，而中间放置着一架茶釜（烧水壶），正在烧着开水。客人们依次坐下后，首先由少主人为客人们献上精美的茶点，随后是由几位标致的青年（面色红润）将中国制作的茶碗（表示尊重）发给在座的每位客人。然后，再由这些青年左手提着汤瓶（开水瓶），右手拿着茶筅（用来搅拌茶叶末的小圆刷），从上座到下座，依次给每位客人点茶（即沏茶）。最后由客人们自己选择，参加『四种十服』的斗茶（『四种十服』也叫『十种茶』，就是让客人们品尝两种以上的茶，并说出茶名、产地以决胜负）或自由品茶闲聊。

第三步是饮酒，此时天色渐晚，于是将茶具收起，摆上酒宴。客人们一面推杯换盏、尽兴豪饮，一面品尝美味佳肴。席间还有器乐演奏和歌舞表演，茶会也就在这种欢乐的气氛中渐渐地结束了。

茶道的确立

在南北朝时期（公元14世纪），吃茶由亭阁转移到了会所。这个时期有一位了不起的茶艺大师佐佐木道誉，他最先设计了书院装饰的茶室并且取代了茶亭阁，但是书院装饰最终还是由能阿弥完成的。所谓书院装饰即大客厅、大壁橱、双层柜等建筑及装饰，室内摆设也有讲究。首先茶室正面墙上要挂三幅对的挂轴（中国的绘画），画的下面摆上香炉、花瓶、烛台三件套。双层柜的上层放置香盒、茶桶、天目茶碗和开水瓶，下层放食物盒。座椅上铺豹子皮的坐垫。

到了室町中期，以珠光大师为代表的珠光流派占据主导地位。前面提到珠光和能阿弥在性格和理念上是迥然不同的。珠光大师一贯倡导『侘』和『寂』的佛教思想，即一切要从简、朴素，并且还要达到洁静而幽雅的效果。他认为书院装饰的茶室过于豪华张扬，所以他改革为四叠半大小的草庵（即茶室的面积相当于四个半榻榻米的大小），称之为『数寄屋』。壁橱也变小、并取消了多宝格式的橱架，代之的是叫『台子』的四条腿小桌架，墙上的挂轴也由三幅对变成一幅对。他认为这样既质朴、素简而又有亲切感的茶室才是真正的茶室，并且更加贴近日本化。珠光的茶道被称作『草庵素茶』。

珠光大师既是改革派也是创新者，在他的思想主导下，『茶道的程序』也在不断创新。珠光大师又是佛教思想最忠实的倡导者，他的『佛法亦在茶道中』和『茶道之中包含着佛道』这一独到见解，在他创新的茶道程序中得到了充分体现。

在南北朝时期的茶会上曾出现过与佛教思想相悖的现象，譬如有人在茶会上酗酒闹事，或者在茶会上出现男女混浴的现象。珠光大师是坚决反对的，他说：要真心树立茶道，就必须戒除此类欲望。故此到了室町中期（即珠光所在的时期），他提出了三大戒即戒好色、赌博、嗜酒。

珠光大师还倡导『人生平等观』，在茶道中他提出了『客风与主风』的理念，『客风』是客人要真心敬爱主人，而『主风』则是主人要绝对诚心尊敬客人。从而才能真正做到人人平等。

到了室町末期至战国时代，茶道界又是绍鸥和利休的天下了。这个时期茶道更加日本化了，茶道规矩也变得比较宽松。绍鸥是茶道大师也是和歌诗人，他将和歌挂在了壁龛里，为茶道又增添了艺术色彩。

利休则尊从师父的教诲，继承了珠光精神，不看重形式上的变化，而注重精神，用『诚信待客、人生平等』的理念，使人与人的内心更加紧密地结合在一起。他奠定了茶道的基础。为茶道的确立做出了贡献。

织部（古田织部）是利休最得意的弟子，也是战国时期的一名武将，他在文化和艺术上有很高的造诣。他从利休处直接继承了珠光流派的秘诀，在茶道的传承中，继续发扬『珠光、绍鸥、利休』的精神理念，并在此基础上不断改革创新。首先他在『露地』（即茶室小院，由利休设计完成并改称为露地）上种植了蒲公英，称为『山鸠啼鸣』。其次茶室的面积由利休所推崇的三叠和二叠甚至是一叠半改为珠光时期的四叠半。为了让宾客能够比较清楚地看到壁龛里的字画，织部设计了被称为『织部窗』的窗户，这不仅增加了茶室的明亮感，也符合近代的审美观。

江户时期，天下太平没有战事，远州（小堀远州）是一名处在和平时期的武士，他的艺术风格与织部有所不同，同时他还是一位和歌诗人，所以在茶室的设计上又添加了一些书院成分。远州设计的茶室面积略小了一些（在这一点上更加符合『侘』的精神），但是加入了一些书院式的布置，使茶室变得『华丽幽雅』。他将数寄屋（茶室）的露地用小路连接起来，并建造了林泉、石桥、水池和曲折的小路，使数寄屋、露地自然和恰到好处地融为一体，形成了『王朝风格』的综合性大庭院，从而使日本的茶道艺术（包括它的精神及理念和茶室的建筑、室内造型和摆设、庭院中的布局等等）近于完美。

茶道、香道、花道

此篇引用利休的一段回答弟子关于茶道的名言作为文章的开头，是想表述一下茶道、香道和花道，它们之间的关系。利休说：『小座敷（即四叠半以下的小茶室）之茶道，第一，依佛法修行而得道。讲究居住的考究，饭食的美味，那是世俗的做法，只要住房不漏，食物不缺，也就行了，这就是佛的教诲，茶道的本意。茶道就是取水、砍薪、烧水、点茶、供佛，与人同饮，插花焚香，继承佛祖的家业。

此外具体的，你自己去想吧。」

从利休的话中，可以看出日本的茶道和香道与花道之间的关系非常密切。早在室町中期（即东山时代），茶道、香道、花道被称为「三大艺技」并驾齐驱，列为最高雅的社交活动。虽然三者形式不同，但是在寻求优雅和闲寂的精神（源于佛教理念）上，它们是相同的。

在日本，香道的精神被确定为「清、静、和、寂」，而花道则追求一种「静、雅、美、真、和」的禅宗意境。二者均有「和、静」，而「寂」又是佛教理念的精髓。作为天下第一茶道宗师的利休将茶道的精神，由珠光大师归纳的「清、礼、和」，发展为「和、敬、清、寂」。「和」是以礼促和、以和为贵，倡导的是人人平等、自然和谐。「敬」则是前面提到的「客风与主风」的理念，客人要真心敬畏主人，而主人要绝对诚心待客，即相互尊敬的意思。「清」所要求的不仅是外在的清洁整齐，而且要求心灵纯洁、高尚。「寂」在前面曾多次提到，他表达了佛教思想的「清静」和「幽雅」。

综上所述，茶道、香道、花道之间有许多相同的地方，也各有所长。在日本，茶道和花道作为一种技艺，用来服务社会和家庭，深受广大群众的喜爱和接受。香道虽不及茶道和花道的普及，但也体现了日本文化的高雅之处。我在《香缘》（文物出版社2013年出版）一书中「介绍日本的香道」章节中，对此有较为详细的描述。

在写作过程中，我得到了北京大学图书馆杜蓉老师的大力协助，在此表示感谢；另，桑田忠亲所著《茶道の历史》原文，在国内无法找到的情况下，借用了汪平、陈乐兵、黄博、葛燕的译著作为参考，在此也表示衷心的感谢。

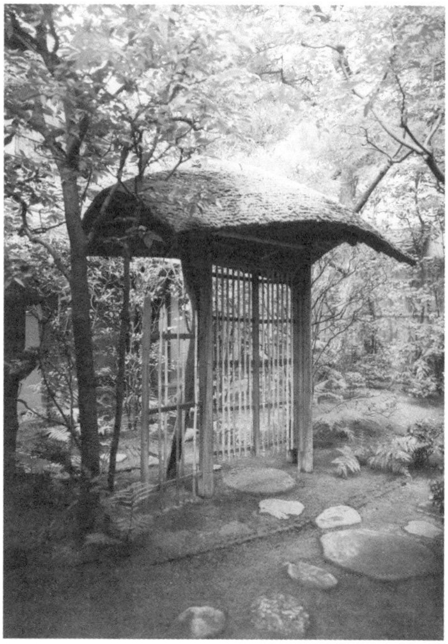

图一

图二

图一　武者小路千家官休庵中门利休流派的草庵茶室。这种茶室最早起源于日本大阪市南面的乡村小镇（堺市），在那里，以商人、手工业者为中心，也包括下级武士和步卒，形成了一个独特的生活圈子，自发的组成自治共同体。他们吃茶的场所是由土坯墙围起的、精心建造的茅草屋。房间小而闭锁是它的特征之一，还有就是客人出入口是相当狭小的小门（是茶室特有的，只能侧身而过的小门），这也是它的最大特征。利休就是受到了这些平民百姓既简朴又独特的房屋构造的启发，设计了利休流派的草庵茶室。传说利休的『茶室待庵』是现在唯一保存下来的遗留建筑（即当时茶家的茶室）。

图二　妙喜庵『茶室待庵』外观（京都）。

图三　表千家残月亭内部（京都）。表千家是利休流派的传人，残月亭内部装饰简朴整洁，体现了利休流派草庵茶室的风格。

图四　志野茶碗卯花墙。上面绘制的图案系一种名叫溲疏的植物。此为上等品。

图三

图四

图五

图六

图五　濑户面取手茶入（茶叶罐）。濑户茶入是远州时代日本国内烧制的非常有名的茶具。此为上等品，现存放在东京的根津美术馆内。

图六　志野芦绘水指（水罐）。水指是不同于茶碗和茶入的重要的茶具之一，其造型各异且种类繁多，唯有织部的水指造型奇妙、独具匠心，深受桃山茶人的喜爱。此为上等品，现存放在东京的岛山纪念馆内。

图七　黄濑户狮子香炉。『茶的世界』的基础是受到佛教礼仪的影响发展而来的，因此茶道的礼仪中香合和茶炉是必须有的。此品现存放在东京的梅沢纪念馆内。

图八　织部德利（酒壶）。茶会上的『怀石用具』，即品茶前后饮酒的用具

图七

图八

图九

图一〇

图九　芦屋真形霰地文釜。此品现存放在东京的五岛美术馆内。

图一〇　林和靖雕彩漆香盒。此品现存放在东京的根津美术馆内。

图一一　独乐枣。造型简单而朴实的枣形茶叶筒，深得利休的喜爱并推荐为茶会上的茶器。此品为上等品，现存放在东京的岛山纪念馆内。

图一二　茶杓，即茶勺。

图一一

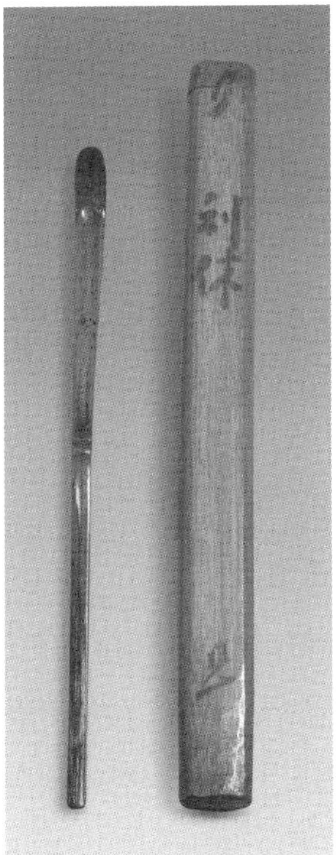

图一二

后记

在收集整理《古香遗珍——图说中国古代香文化》一书文字稿素材的同时，大量有关中国古代茶文化的宝贵资料映入眼帘，我觉察到这同样是一个重要选题。《古香遗珍》出版后，该书主编范纬女士约我商谈下一步出版计划。于是双方关于编绘新书《茶会流香——图说中国古代茶文化》的想法一拍即合，而任务顺理成章又落在我的肩上。实际上在20世纪80年代，我曾在中华书局《文史知识》上发表过一篇题为《从茶说到茶》的小文，可算是我研究中国茶文化之滥觞。

从商定的那一刻起，如同前次京城淘书苦中有乐的体验开始又一番轮回，顶风冒雨、饥渴难耐、持杖独行、冷热自知。时而屈膝于旧书店低矮书柜之间；时而匍匐于地摊满地散放书籍之上，淘书几近疯狂。从小到老从未想起去读的古典章回小说，诸如《七侠五义》《施公案》《歧路灯》《儿女英雄传》等，此次凡翻看到有关茶文化的内容都如获至宝，纷纷带回，成为我案头上叠摞的工具书。尤其是创作中得益极大的《中国茶文化大辞典》《中国历代茶具》及优秀古典诗、词、曲、清言选集、历史著名剧目选、绘画选更如数购进。其他如茶史、茶话亦成为囊中之物，条件只有一个，只要资料珍贵，哪怕只是一小段文字。为了书中画面的定稿，粗粗算起来新添图书200余种。为达到创作的严谨性，使画面中人物衣帽服饰、桌椅茶具符合历史真实性，特别是落实古代名贤大儒传承有序可信形象时，则要占有更多资料。比如，朱舜水饮茶故事一则，就购买了《朱舜水东瀛授业研究》《朱舜水集》《日本能乐》《中日茶文化交流史》，从中了解到明代学者朱舜水抗清失败后，避乱于日本22年，以笔谈形式与当权者及弟子们进行文化交流，授业创派的事迹。见到了收藏于日本由当时名古屋藩主手绘朱先生的写真，极为可信。画面日本学生形象均有依据。其他如唐太宗、宋徽宗、明太祖、清太宗、清高宗及韩熙载、朱熹、郑板桥、袁枚等面部形象资料也有具权威性历史文献可查。

再如，涉及西方服装的资料，就购买了《世界服装史》《西洋服饰史教程》《西洋服装设计简史》以及《国外古典建筑图谱》等相关图书，而只用于本书之两幅画面之中。

在书稿绘制过程中，常常回忆起小时候，妈妈总是在傍晚时分，准时清洗那把饰有蓝色卷草纹图案的茶壶及几只茶盏。等到带着疲惫面容的家人归来坐定后，便用细长的洋铁皮水氽，盛上水缸里的水（那时用水不便，各家须自备水缸存水，虽然麻烦，但自来水中的氯气得以充分挥发）。在小煤球炉内烧开，然后冲泡茉莉花茶高末。小小的起居室内飘溢着一股流动的茶香，现在似乎仍能嗅到。只是当时还小，不懂得水温过高会影响茶叶品质，现在自己老了，知道了正确冲泡方法，却留下没能让父母品味纯正茶香的遗憾。

我在提炼该书书名用词时，先选定『茶会』二字，是指文士们雅集时以茶代酒的社交活动。很多古代大文学家也在茶会上留下了咏茶的诗作及联句。同时一字多义，『会』的另一层意思是『能』、『可以』。用『流香』而不是『留香』，是想表示灵动而不是静止停留。流香有上下几千年、纵横万里之意。前生后世，茶香一直飘然而来，直至永久。宋人咏茶诗『一种风流香味别』，正好作为《茶会流香》的注脚。

张习广

甲午季秋于翰林庭院弄斧堂